香港梦周文教基金会　上海金泽工艺社　资助出版

日本
草木染

染四季自然之色

【日】山崎和树　编著

杨建军　崔岩　译

中国纺织出版社有限公司

内 容 提 要

本书以染色图鉴和染色技法为重点，内容包括四季典型染料与色系，染料植物种类与性质，草木染基础知识，基本染色方法，典型染色方法，代表性染料植物栽培技术及日本传统色复原研究成果等。同时，通过配以大量染色色样，详细介绍染料取材和色素萃取，用料配比和染色工序，媒染剂种类和显色特征，展现日本精湛的草木染技艺。

全书图文并茂，内容具体而翔实，对我国草木染研究和开发应用，具有很好的参考借鉴价值，对高等院校染织服装专业的草木染实践教学，也具有规范化的指导示范作用。

SHINPAN KUSAKIZOME SHIKI NO SHIZEN WO SOMERU by Kazuki Yamazaki

Copyright © Kazuki Yamazaki, Yuki Ishii, Tadao Tominari, Tadao Okubo 2014

All rights reserved.

Original Japanese edition published by Yama-Kei Publishers Co.,Ltd.

Simplified Chinese translation copyright © 2021 by China Textile & Apparel Press

This Simplified Chinese edition published by arrangement with Yama-Kei Publishers Co.,Ltd., Tokyo,

through HonnoKizuna, Inc., Tokyo, and Shinwon Agency Co. Beijing Representative Office, Beijing

本书中文简体版经 Yama-Kei Publishers Co.,Ltd 授权，由中国纺织出版社有限公司独家出版发行。

本书内容未经出版者书面许可，不得以任何方式或任何手段复制、转载或刊登。

著作权合同登记号：图字：01-2020-6499

图书在版编目（CIP）数据

日本草木染：染四季自然之色 /（日）山崎和树编
著；杨建军，崔岩译 . -- 北京 ：中国纺织出版社有限
公司，2021.8

　　ISBN 978-7-5180-3464-2

　　Ⅰ. ①日… 　Ⅱ. ①山… ②杨… ③崔… 　Ⅲ. ①染色（
纺织品） 　Ⅳ. ①TS193

中国版本图书馆 CIP 数据核字（2021）第 067843 号

责任编辑：李春奕　籍　博　责任校对：寇晨晨
责任设计：何　建　责任印制：王艳丽

中国纺织出版社有限公司出版发行
地址：北京市朝阳区百子湾东里 A407 号楼　邮政编码：100124
销售电话：010 — 67004422　传真：010 — 87155801
http：//www.c-textilep.com
中国纺织出版社天猫旗舰店
官方微博 http：//weibo.com/2119887771
北京雅昌艺术印刷有限公司印刷　各地新华书店经销
2021 年 8 月第 1 版第 1 次印刷
开本：787×1092　1/16　印张：9.5
字数：152 千字　定价：159.80 元

凡购本书，如有缺页、倒页、脱页，由本社图书营销中心调换

我认为草木染的魅力，体现在与自然共生带来的喜悦。提取植物果、根、干、皮等部位含有的自然色彩，映现于线和面料上，真实感受"色彩的生命"。使用草木染出的任何色彩都很自然，深邃而静谧。在植物的种类、季节、染色方法等方面深入研习，能够染出千变万化的色彩。

　　除了使用紫草、红花、茜草、青茅、蓝草染色以外，我还培育染料植物，探究草木染的诸多可能性。在化学合成染料发明以前，世界各国都是使用天然染料染制线和面料的。草木染大约已有 5000 年的历史，翻开昔日染色技法著作，学习先人的智慧，并对其进行再现……我感觉这将成为了解古人感性情怀的开端。

目 录
CONTENTS

染色工房

[染四季之色]

用原野的草染色

立春过后，阳光里略带暖意，使因寒冷而长时间紧缩的肌肤感到舒适。光线日益增强，树木开始萌发新芽，转眼间就满眼新绿。

附近原野上盛开的蒲公英

春天，万物复苏。我也坐立不安，急切想出去看看。一边漫步于附近原野，一边摘下蒲公英、艾蒿等野菜，油炸、凉拌，或者做成艾蒿饼等美食，尽情享受春天的味道。口中蔓延的苦味儿和香气，让人真实感受到春天的生命力。

春天，用蒲公英、艾蒿、春紫苑等野菜染色，非常快乐。从柔和的黄色到清新的绿色，对我来说，它们都是宣告春天到来的典型色彩。

咕嘟咕嘟地煮艾蒿，嫩叶香味儿立刻散发开来。虽然春风中弥漫着各种各样的香味儿，但对我来说，艾蒿可谓是春天香味儿的代表。

春天的树木刚刚发芽，色彩尚不稳定。所以，此时多使用晾干保存的梅枝，或者采购染料进行染色。虽然染料品种非常丰富，但不知为什么，我还是想用杨梅、黄檗、槐等染材，从黄色染成绿色。

在春天有件关于草木染的事情不能忘记，那就是适时播种蓼蓝、茜草种子，待夏季收割用于染色。

蓼蓝要做苗床，茜草则直接在田地里撒种。5月，把蓼蓝苗移植到田地，撒施用腐叶土、灰、家庭垃圾等沤制的有

煮 15 分钟左右，提取染液

摘取艾蒿，立即用于染色

染色后，充分水洗

用艾蒿染的麻布小垫

机肥，充分耕地、松土。对于金盏花，把幼苗栽培于花盆或田地即可。如此做好准备，到了夏天，就可以享受多种多样的染色乐趣。

操作草木染，能够通过眼睛、鼻子和手，敏锐察觉到季节的变化，享受真切感知自然带来的喜悦。

春天在户外染色，充满乐趣

[染四季之色]

用蓼蓝染色

梅雨过后，阳光灿烂，林木的绿色耀眼夺目。5月移植的蓼蓝也因梅雨而苗壮成长。蓼蓝喜水，从此时起需每日浇水。培育植物，见其生长，心情愉快，而更加愉快的事情是用其染色。看到使用自己精心栽培的植物染出的色彩时，内心满满的愉悦与畅快，是他人无法感知的。

在晴空浮起白云的清晨，采摘饱含蓝色素的叶子，就可以操作鲜叶染了。

鲜叶染使用的面料是透明的薄丝绢。将其浸入犹如抹茶的绿色染液，偶或从染液中拿出，展开通风，面料由黄绿色渐渐变为蓝色，最后定格在蓝天一样的色彩。这种变化是在不足 20 分钟内完成的，这对每年都操作鲜叶染的我来说，还是惊叹不已。

看着极其喜爱的蓝色，竟然一时忘记了夏天的酷暑。

夏季也是建蓝的最佳时节。在室外把热水倒入日本靛土（由蓼蓝干叶发酵而成）和草木灰中，每天搅拌，悉心照料。3 ~ 4 天后液面开始泛红，10 天左右形成蓝紫色泡沫，表明建蓝完成，可以染色了。

所谓建蓝，与酿酒、做酱原理相同，它指利用微生物作用使染液发酵，用于染色。因而，建蓝染色可以称为自然魔幻色彩。

建蓝的染液，对棉、麻都具有很好的染着力。将其浸入蓝缸染色，取出时为偏棕的黄绿色，接触空气后逐渐变为棕蓝色。水洗后去除棕色，显现出纯净的浅蓝色。如果多次重复操作，可以染出浓郁的深蓝色。

无论是鲜叶染还是建蓝染，都不需要使用媒染剂。只要有夏天的阳光、空气和干净的水就足够了。

收获蓼蓝叶

5 月刚移栽的苗床

建蓝，生出蓝色泡沫之时

鲜叶染，一接触空气，蓝色就越来越深

映照蓝天的鲜叶染丝绢

夏日酷暑难耐，挥汗如雨，可尽情享受蓝染。用凉水漂洗面料，悬挂晾晒。看着蔚蓝天空下飘舞着的蓝色面料，心情就如同那明朗晴空般爽快。

在蓝缸中浸染麻布

从浅蓝到深蓝，分段染也乐趣无穷

[染四季之色]

染羊毛

盂兰盆节过后，虽然秋老虎难耐，但天日渐短，一丝寂寥袭上心头。但对草木染来说，却是进入了被色彩包围的丰收季节。

储藏于树木体内的染料，此时开始趋于稳定。夏季茂盛的庭院树木开始被剪枝，板栗的带刺外壳也自行脱落，这

用樱花落叶和板栗带刺外壳染的羊毛

些都是染色的好材料。此外，原野上泛黄的一枝黄花也可以收割染色。此时的染材非常丰富多样，仅每天光想着明日染点什么，就觉得非常开心。

在忙于染色的日子里，树叶逐渐变为黄色、红色，漫山遍野，层林尽染。不久，北风吹来，伴随着哗啦哗啦的声响，色彩斑斓的落叶满地飞舞。

晚秋的杂树林，明亮、通透而寂静，落叶如毯，铺满了林地。有的树枝从笔直的树干伸向天空，如像扇形般展开的榉树；有的树皮有不规则横向格纹，比如像粗丝线织成的樱花树；以及树干布满深纵裂纹的枹栎和树皮似软木凹凸不平的麻栎，还有枯叶紧抱枝头的柞栎等，杂树林中的树木姿态优美、变化多端，令人百看不厌。

哗啦哗啦地踩着落叶，走近树木。我的目标是落叶。樱花树的红色叶、榉树的浅棕色小叶和柞栎的大叶等容易区分，而枹栎和麻栎叶难以辨认，但仔细观察就会发现麻栎叶稍大一些，叶缘带刺。

不要介意有其他种类的落叶混杂进来，尽情收集吧。停下手环顾四周，林中幽静，光缕柔美。

秋季染色正如杂树林景致，色彩沉稳而祥和。落叶，涤尽艳丽，沉淀出如肌肤般温暖的色调，好似羊毛一样温暖。

落叶，终结了一年的活跃，归于沉寂。这是大自然为染色留下的"礼物"。

杂树林地，落叶铺成的地毯

开始变色的树叶

色彩丰富的草木染羊毛

[染四季之色]

在严寒中染色

　　清晨，院子里的水池结出一层薄冰，水变凉了，为染色平添了几分辛苦。树叶都已落尽，四周看不到些许绚烂的色彩。但是，只有这个时候才有能够染出鲜艳色彩的染料。它们是紫根和红花。

　　紫根遇高温容易造成色素变化，温暖的环境还会使恼人的臭味儿残留于所染面料中。为了呈现漂亮的紫色，低温是必要的。

　　在紫根染中，不可缺少的是用山茶树叶灰制作的山茶灰水。紫根色素本来是红色，但山茶灰含有的成分可以把红色变为紫色。

　　一边呼出白色哈气，一边用山茶灰水媒染面料，反复手揉紫根，制取染液。然后，一遍又一遍染色，就可以染出无以言表的纯正紫色。

　　红花含有黄色素和红色素。先用水从花中萃取黄色素，再用草木灰水等碱性液体萃取红色素。如此，可以分别染制黄色和红色。

　　红色稀少珍贵，很快就会染完，但黄色染液剩得多。因为黄染液久放易变

红花圃中黄色花朵随风摇曳

用红花、紫根染制的小绸巾

紫根染中不可缺少山茶灰水

反复揉搓紫根，萃取染液

不久变为深紫色

臭，所以最好也在寒冷季节操作红花染。

冬天是一个不可思议的季节。在严寒中，万籁寂静。但是，即便正值隆冬，一临近新年就非常想染鲜艳的色彩。这大概是在迎接新年的内心深处，一直深藏着远古先人眼中华贵色彩与紫根、红花所染色彩相契合的缘故吧。

染色图鉴

山崎和树◎编

染色备忘录、色彩样本制作：山崎和树
植物备忘录：石井由纪
植物摄影：富成忠夫
协助：熊田达夫、山崎青树
染色材料摄影：大久保忠男

本章介绍了 77 种染料植物。基于自然保护立场，我使用的珍贵植物和根、干材、树皮等仅限于从染料店购入。而且，野外采集也主要选择杂草和归化植物（译者注：本地原本没有，从外地传入或侵入，多大量繁衍成野生状态的植物），对于树木，则使用其小枝和落叶等。

关于图鉴

植物备忘录　简单介绍植物形态特征和生长环境等。

染色备忘录　介绍与染色有关的植物特性、染色要点等。

部位　染色使用的植物局部。

使用量　一定面料重量的相对染料使用量。

染液萃取方法　从染料中萃取染液的程序。

染色方法　适合植物的染色方法（操作说明参见第 111 ~ 129 页 "染色技法"）。

色彩样本　包括染色使用的植物部位、染色方法，一定面料重量的相对染料使用量，使用的染液及染色时间（对于可以保存的落叶和晾干的小枝等，有时使用时间与采集时间不同）。

关于色彩样本

色彩样本是把边长 10cm 的不同材质的正方形面料，同时放入相同染液进行染色而成。

即使同一种植物，因媒染剂和面料不同，染出的色彩也不一样。把不同媒染剂（无媒染、明矾媒染、铁浆媒染）和不同面料（丝、麻、棉、豆浆打底棉）的色样有序排列。介绍豆浆打底棉，是想让大家知道即使棉也能染出深色（参见第 109 页 "把棉染深的方法"）。另外，铜媒染能够染出非常独特的色彩，但只有在染料店才能买到铜媒染剂，染料店将其作为有害物品售卖。我本人非常反对随便倒掉剩液，而又难以通过处理剩液回收铜。基于此，本书放弃铜媒染，仅使用身边易得的媒染剂。

关于媒染剂

媒染剂大致分为铝媒染剂和铁媒染剂。色彩样本的铝媒染使用 "明矾"，铁媒染使用 "铁浆液"。有两种明矾在草木染中使用，所谓烧明矾，是将明矾在高温下脱水制得。本书中使用的 "烧铵明矾" 统一标为 "明矾"。明矾、铁浆的一般使用量如下。不过，染毛的场合，除了媒染剂还需要添加名为 "塔塔粉" 的助剂（参见第 108 页 "草木染的基础知识"）。

染 100g 纤维材料的情形

媒染剂	纤维材料		媒染剂的制作方法
	丝、麻、棉	羊毛	
铁浆	20~30mL（液体）（对应 100g 纤维材料的 20%~30%）	20~30mL（液体）（塔塔粉 2g）	溶解于水中
明矾（烧铵明矾）	4~6g（固体）（对应 100g 纤维材料的 4% ~ 6%）	6g（固体）（塔塔粉 2g）	倒入温水中，加热至透明后加水

◎本书的色彩样本，使用铁浆液 30%、明矾 6% 的媒染液。

即使按照书中所示顺序操作草木染，有时也染不出与色彩样本相同的色彩。所以，请不要把色彩样本完全作为 "目标" 看待。希望大家按照自己的方式，享受与各种草木色彩邂逅的乐趣。这正是使用天然材料进行染色的草木染特有的一种魅力。

原野与河滩

采收疯长的归化植物和身边的杂草

桃园中盛开的蒲公英 5月上旬

西洋蒲公英
菊科

植物备忘录 这是人们在幼儿园就认识的大众化野花。正如诗句"踏不尽，那绽放着的蒲公英笑脸"所歌咏的那样，草坪、路旁、堤坝、荒地……到处都盛开着蒲公英。乍看样貌相同，其实种类繁多，仅凭花的颈部（总苞）形状就可以辨别。

西洋蒲公英 4月下旬

日本通常最多见的蒲公英是西洋蒲公英。这一外来品种繁殖力非常旺盛，为稍小类型，其绿色总苞片强劲仰起。在河堤、田埂、林边、旧庭园等处也能看到当地原有种类。

染色备忘录 蒲公英除了具有叶做沙拉、根切丝烹炒等食用功能外，花还可以用于染色。它拥有多种高利用价值，被誉为春天的"万能植物"。

但是，由于日本原有蒲公英数量锐减，多使用具有相同染色效果的一种归化植物——西洋蒲公英。

用明矾媒染可染得浅黄色，用铁浆媒染可染得灰绿色。

部位 鲜花
采集时间 4~5月
使用量 面料重量的3~5倍
染液制作方法 将花直接放入热水中，加热沸腾后煮15分钟，用细纹布过滤萃取1遍液。再以同样方法萃取2遍液。

染色方法 浸染，煮染
色彩样本 鲜花，煮染，面料重量的3倍，使用1、2遍液，4月30日操作。

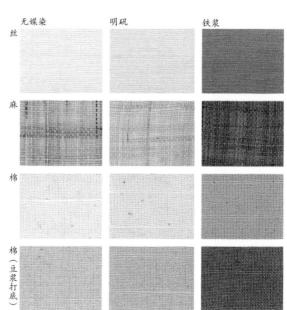

	无媒染	明矾	铁浆
丝			
麻			
棉			
棉（豆浆打底）			

一枝黄花
菊科

植物备忘录 日本称为背高泡立草。第二次世界大战后，一枝黄花在日本爆发性蔓延开来，在荒地、河岸开阔地等处形成广大群落，犹如讨人嫌的孩子。它曳着白色粗大地下茎，迅速生长。最好不要在院子里种植。

黄色小菊花密密地聚集绽放，看上去犹如涌起的泡沫，这正是日本背高泡立草名字的由来。此外，自古日本农家种植于院前的大泡立草，还有漫山遍野装点秋色的秋麒麟草，都是日本的原有品种。

学名 Solidago（意为健康状态），据说是因其用于创伤药而得

一枝黄花　10 月中旬

名。另外，作为同类却有着更为优美姿态的园艺品种：加拿大一枝黄花，也由 Solidago命名而来。它与满天星一样，用于装点花束，非常受欢迎。

染色备忘录 由于一

枝黄花易引发花粉病，需要在秋天开花前收割用于染色。虽然这种植物不招人喜欢，但因遍布河滩而大量群生，除了极为便于采集，染液量还多，它对染色人来说是值得庆幸易得的一种植物。大泡立草也可以用于染色。

用明矾媒染可染得棕黄色，如要染制漂亮黄色，只能使用花，不能使用茎和叶。

用铁浆媒染可染得海藻色那样的灰绿色，日本称为海松色。此外，用明矾媒染后再用铁浆媒染，可以叠染出日本称为黄海松茶的偏黄灰绿色。如果将明矾媒染用于染羊毛，会染出更为鲜艳的色彩。

部位 鲜叶、茎、花
采集时间 10～11 月
使用量 面料重量的 3 倍
染液制作方法 将叶、茎、花直接放入热水中，加热沸腾后煮 15 分钟，用细纹布过滤萃取 1 遍液。再以同样方法萃取 2 遍液。
染色方法 浸染，煮染
色彩样本 鲜叶、茎、花，煮染，面料重量的 3 倍，使用 1、2 遍液，10 月 20 日操作。

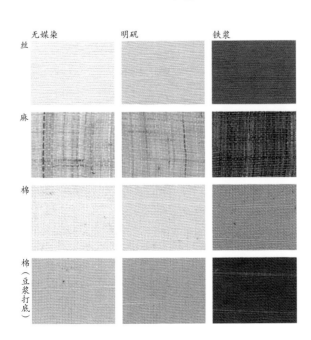

	无媒染	明矾	铁浆
丝			
麻			
棉			
棉（豆浆打底）			

大泡立草

姬女苑　7月中旬

春紫苑
菊科

植物备忘录　它是原产于北美洲，大正时期传入日本的归化植物。

淡红色丝线般的花瓣轻轻重叠，含苞待放的初开姿态尤其可爱。最初出现于花店里。与雅致美丽的外表形态相反，其繁殖力非常旺盛，在日本关东地区发展迅猛，其规模超过了更早传入的姬女苑。

区分春紫苑和姬女苑的方法：春紫苑最为明显的特点是茎空心，叶抱茎这一特征也很重要；而姬女苑茎是实心，叶根部狭窄不抱茎，花略小，纯白色，花蕾也不发红。

在日本原有的野生品种中，春紫苑与东菊的同类植物是近亲，具有很多共同点。淡紫色大花非常美丽，也有许多细小花瓣。此外，开有相同淡紫色花的野菊花（Aster）之类，花瓣虽大但数量少。

染色备忘录　刚开花的样子非常可爱，舍不得采摘。即便如此，还是可以说它是身边极易采集植物的代表品种。在花初开时，连根拔起或从茎割取，立即使用。最好在拔除路边、庭园杂草时顺便采集。

用铁浆媒染可染得灰绿色。用明矾媒染可染得浅黄色，是春天特有的柔和色彩。与其极为相似的同类植物姬女苑，花期稍晚，同样也可以用于染色。

部位　鲜叶、茎、花

采集时间　5～6月

使用量　面料重量的3倍

染液制作方法　将叶、茎、花直接放入热水中，加热沸腾后煮15分钟，用细纹布过滤萃取1遍液。再以同样方法萃取2遍液。

染色方法　浸染，煮染

色彩样本　鲜叶、茎，煮染，面料重量的3倍，使用1、2遍液，5月14日操作。

春紫苑　4月下旬

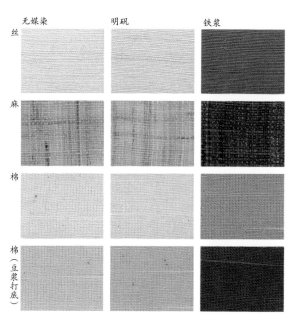

艾蒿
菊科

植物备忘录 日本称为蓬，是广为人知的草类食品主料。初春，在田地上、田间小路旁、堤坝、荒地等处，长有白绒毛的青瓷色嫩芽映入眼帘。采摘捣成艾糕，或将其放入端午节的菖蒲水疗浴液，它已深深扎根于日本每年的定例活动中。清少纳言（译者注：日本平安时代著名女作家）对它倍加喜爱，留下"是谁告诉了你，去到艾蒿丛生的伊吹山的乡里？"等优美诗句。

虽然艾蒿是菊花的同类植物，但花朵却密密麻麻地生长在长花穗上，非常质朴，很不显眼。它浑身散发着香气，曾被用于驱魔。因其有药用价值，在日本平安时代就受到人们的广泛关注。

揉搓干叶，仅收集绒毛部分，制作针灸的"艾绒"。

在更高的山地，生长着整株高大且叶端尖锐的大艾蒿。

染色备忘录 艾蒿不但容易采集，且3～10月都可以用于染色。它是因季节不同而染色变化显著的植物。

3月下旬，收割茎部开始生长的艾蒿，用铁浆媒染染色，可染得嫩芽般的日本称为利久鼠的柔美灰绿色。5月左右艾蒿长高至30～50cm，此时容易收割，染出的绿色非常漂亮。

用明矾媒染，3～5月染出稍微偏棕的淡黄绿色。随着时间推移，色彩越来越深。6月染出发黄的深色。7～8月染出偏棕的色彩。9月以后色彩变淡。可见，使用明矾媒染，6月为最佳时节。

染色时空气中弥漫着草香，令人心旷神怡，这是操作艾蒿染的一种乐趣。

艾蒿　9月上旬

部位 鲜叶、茎

采集时间 3～10月

使用量 面料重量的3倍

染液制作方法 将茎、叶直接放入热水中，加热沸腾后煮15分钟，用细纹布过滤萃取1遍液。再以同样方法萃取2遍液。

染色方法 浸染，煮染

色彩样本 鲜叶、茎，煮染，面料重量的3倍，使用1、2遍液，5月17日操作。

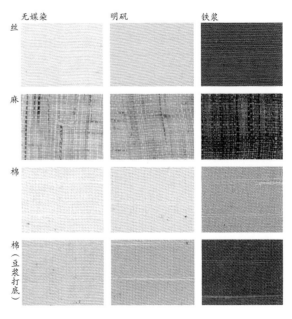

鬼针草　10 月上旬

三叶鬼针草
菊科

植物备忘录　日本称为小狒檀草。夏末，漫步于田间小道或草丛间，裤脚上沾满各种草

籽儿。其中有一种棒状的，头上长刺而紧贴在一起，这就是鬼针草种子。鬼针草广泛分布于全球的热带到温带地区。日本全部为归化植物，大约在明治时代开

始蔓延开来。

如若说它的花是菊花，却只有花蕊的黄色球形，完全没有花瓣部分。群聚生长于日本关东以西的河滩和荒地。此外，金盏银盘为黄色，白色鬼针草带有稀疏的花瓣。绿色苞叶明显的品种是美国鬼针草。

染色备忘录　在花开始绽放前后，收割染色。

用铁浆媒染多染得灰绿色，日本称为海松色，用明矾媒染染得的棕黄色也很漂亮。

这种植物形态纤弱，但可以染出意外的深色。明矾媒染后，铁浆媒染能够叠染出日本称为黄海松茶的偏黄灰绿色，也很漂亮。

与其非常相似的同类植物，茎为紫褐色的

归化植物美国鬼针草，也能染出同样色彩。这种植物大量生长于河滩等地，易于采集，可以染毛。

部位　鲜叶、茎、花
采集时间　9～10 月
使用量　面料重量的 3 倍
染液制作方法　将茎、叶、花直接放入热水中，加热沸腾后煮 15 分钟，用细纹布过滤萃取 1 遍液。再以同样方法萃取 2 遍液。
染色方法　浸染，煮染
色彩样本　鲜叶、茎、花，煮染，面料重量的 3 倍，使用 1、2 遍液，10 月 1 日操作。

美国鬼针草　11 月上旬

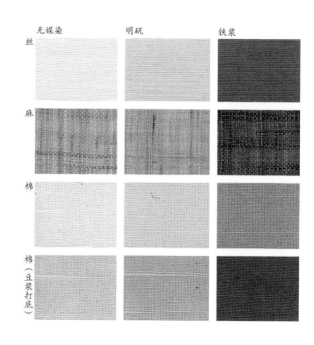

豚草
菊科

植物备忘录 它是屡次被列为花粉病罪魁祸首的原产于北美洲的归化植物。明治时代进入日本，昭和年间扩展至关东一带。它其实一点没有菊科花的相貌，在重叠成穗的鳞片状绿色苞片下，伸出满是花粉的黄色雄蕊。由于是风媒花（译者注：利用风力作为传粉媒介的花），完全不需要招来昆虫授粉。其叶子柔嫩，深裂细长，在城市的空地上也可以看到。

染色备忘录 入秋开花前收割、染色。作为花粉病的罪魁祸首惹人烦恼，但它与一枝黄花一样，可以萃取出大量

豚草　8月下旬

染料。

铁浆媒染可染得日本称为海松色的灰绿色。明矾媒染的偏棕黄绿色非常漂亮。而且，明矾媒染后，再用铁浆媒染出的日本称为黄海松茶的偏黄灰绿色，也是很好的色彩。

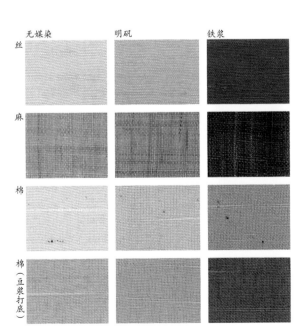

部位 鲜叶、茎、花蕾
采集时间 9月
使用量 面料重量的3倍
染液制作方法 将叶、茎、花蕾直接放入热水中，加热沸腾后煮15分钟，用细纹布过滤萃取1遍液。再以同样方法萃取2遍液。
染色方法 浸染，煮染
色彩样本 鲜叶、茎、花蕾，煮染，面料重量的3倍，使用1、2遍液，9月16日操作。

小花月见草
柳叶菜科

植物备忘录 日本称为荒地待宵草。"望眼欲穿，一心等待，那人不再来。盼夜幕，宵待草煞是无奈……"宵待草之名曾因梦二（译者注：即竹久梦二，本名竹久茂次郎，日本明治至大正时期著名画家、装帧艺术设计家、诗人）的和歌而风靡一时。不过，它的正式名称是"待宵"，未见"宵待"之名。大约有7种同类植物散布于日本各地，都是来自北美洲或南美洲的归化植物，日本没有原生种。

小花月见草原产于北美洲。一般认为明治末年传入日本，是从北海道到九州最为常见的植物。花朵直径约2cm，即使揉搓也不变色。叶子主脉发红。更大型的黄花月见草是5cm以上的大朵花，不过，随着荒地日渐减少，在城市周围已很难见到它。月见草是纯白色花，凋谢时变为红色。近年，淡红色的美丽月见草也开始野生化了。

染色备忘录 生长于河滩、道旁等处，9月左右，赏花之后用其叶、茎染色。此时，如果采

黄花月见草　8月上旬

收种子撒在院子里，来年夏夜就可以尽情欣赏黄色的花。

　　小时候，吃完晚饭之后，一家人常去河滩看月见草。那时，与小花月见草相比，好像黄花月见草开花更多。群生的黄花月见草在黑暗中绽放巨大黄花的景象，至今历历在目。

小花月见草　9月上旬

它的花也可以用来染色。不过，虽说是归化植物，我还是不忍心大量摘花，因而决定不用花染色了。

用铁浆媒染可染得日本称为紫鼠的紫灰色。能染出紫灰色的草本植物很少，除此还有同样是归化植物的野老鹳草（牻牛儿苗科）。野老鹳草的花是粉红色，直径1cm左右，花期为4～9月。在城市的路旁和停车场都能看到。

部位　鲜叶、茎

采集时间　9月

使用量　面料重量的3倍

染液制作方法　将叶、茎直接放入热水中，加热至沸腾煮15分钟，用细纹布过滤萃取1遍液。再以同样方法萃取2遍液。

染色方法　浸染，煮染

色彩样本　鲜叶、茎，煮染，面料重量的3倍，使用1、2遍液，9月15日操作。

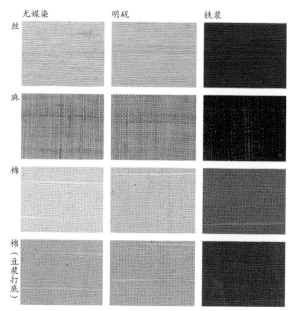

	无媒染	明矾	铁浆
丝			
麻			
棉			
棉（豆浆打底）			

赤麻
荨麻科

植物备忘录 它的叶形和整个姿态都像紫苏，茎和叶柄是红色。不过，赤麻与紫苏的科属完全不同。赤麻是一种使人一碰就痛的荨麻同类植物，一点香味儿也没有。它与曾经为获取纤维而栽培的苎麻是近亲，因而称为"赤麻"非常贴切。

赤麻是遍布于山野、林边的多年生草本植物。它生长茂盛，株高近于80cm。赤麻叶类似青紫苏叶，长7～20cm，尖端深开三裂，正中裂片像尾巴一样伸长。

夏天，从叶子根部长出花穗，像绳子那样伸展着，满布密密麻麻的奶油色小花。

除此之外，在相同种类中还有叶尖呈尾状，不分三裂的细野麻，以及生有4～8cm小叶，下半截木质化的亚灌木小赤麻。

染色备忘录 用明矾媒染可染得漂亮的红棕色，很惊讶草本植物能染出这样的偏红色彩。

如果染更为偏红的色彩，最好将煮出的染液放置1～3天后染色。

在与赤麻近似的同类植物中，圆叶赤麻和小赤麻也同样能染色。

夏天，漫步于湿地沼泽边，不时邂逅群生的赤麻。见一次就难以忘记，漂亮的红色茎给人留下的印象深刻。

使用植物染料，很难染出植物本身的色彩。不过，一见到用赤麻染的面料，就有一种把赤麻色彩原封不动转移到面料的感觉，让人心满意足。

赤麻　9月上旬

小赤麻　7月下旬

	无媒染	明矾	铁浆
丝	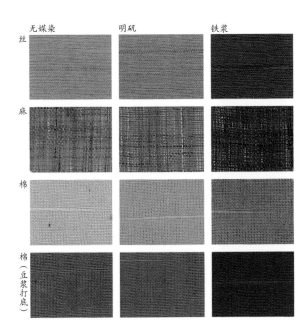		
麻			
棉			
棉（豆浆打底）			

部位 鲜叶、茎
采集时间 7～9月
使用量 面料重量的3～5倍
染液制作方法 将叶、茎直接放入热水中，加热沸腾后煮15分钟，用细纹布过滤萃取1遍液。再以同样方法萃取2遍液。放置1～3天进行染色。

染色方法 浸染，煮染
色彩样本 鲜叶、茎，煮染，面料重量的5倍，使用放置一夜的1、2遍液，9月9日操作。

植物备忘录 日本称为薮苎麻。叶子长得像青紫苏叶，硬挺粗糙。背面长有密密的短绒毛。

它是生长于山野和草丛边缘等处的多年生草本植物，高 1～1.5m。8～10 月，从上部叶腋处伸出花穗，布满小花块，看上去犹如碧玉串儿，非常有趣。因其像长在草丛里的苎麻，在日本由此得名薮苎麻。

在其同类中，还有更为纤弱的悬铃叶苎麻和生于海岸的毛叶水苎麻，以及带有细小皱纹的厚实罗纱麻等，大多属于中间型，极易互相杂交。

染色备忘录 它是生长于河滩和堤坝等处的普通植物。它与赤麻一样，也是能够染出红棕色的稀有草本植物。而且，煮出染液放置 1～3 天后染色，能够染出更红的色彩。用明矾媒染可染得略微偏黄的红棕色。

部位 鲜叶、茎
采集时间 9～10 月
使用量 面料重量的 5 倍
染液制作方法 将叶、茎直接放入热水中，加热沸腾后煮 15 分钟，用细纹布过滤萃取 1 遍液。再以同样方法萃取 2 遍液。放置 1～3 天进行染色。

染色方法 浸染，煮染
色彩样本 鲜叶、茎，煮染，面料重量的 5 倍，使用放置一夜的 1、2 遍液，9 月 25 日操作。

野线麻　8 月下旬

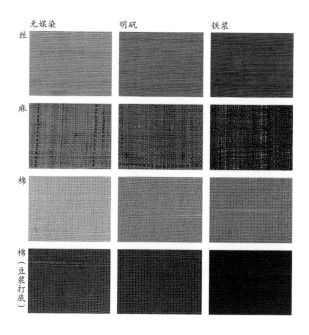

葎草
桑科

植物备忘录 日本称为铁葎。桑科植物有养蚕的桑、水果中的无花果、作为造纸原料的葡蟠等，大多属于树木，但葎草截然不同，展现的是藤蔓姿态。

在荒野、空地、河床等处，葎草叶子呈大枫叶形，成片生长，遮掩着杂草和废弃的垃圾等。为了攀爬附物，其铁丝般纤细而坚韧的茎叶上生长着倒刺，生命力极强。

从夏至秋，绽放稀疏淡黄色雄花的大花穗，挺立其间。

在其同类中，据说有一种用来调制啤酒香味儿的野生植物，叫作啤酒花，日本称为唐花草。

葎草　9月下旬

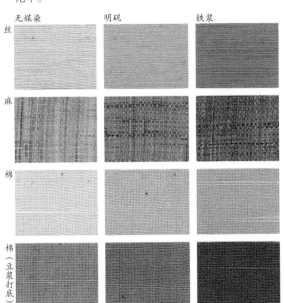

	无媒染	明矾	铁浆
丝			
麻			
棉			
棉（豆浆打底）			

染色备忘录 藤蔓性的葎草，依附缠绕于其他植物，生长速度很快。蔓茎坚硬如铁，生命力强，这正是日本铁葎名称的由来吧。因此，我漫步于河滩时，以拯救被攀爬植物的名义，收割葎草用于染色。

用铁浆媒染可染得浅棕绿色，用明矾媒染可染得偏黄的浅棕色。

部位 鲜叶、蔓

采集时间 8~9月

使用量 面料重量的3倍

染液制作方法 将叶、蔓直接放入热水中，加热沸腾后煮15分钟，用细纹布过滤萃取1遍液。再以同样方法萃取2遍液。

染色方法 浸染，煮染

色彩样本 鲜叶、蔓，煮染，面料重量的3倍，使用1、2遍液，8月27日操作。

马蓼　10月上旬

不出蓝色。

用铁浆媒染可染得偏棕的灰色，用明矾媒染染出的浅棕色非常柔美。大马蓼也可以染出相同的色彩。

在无媒染和明矾媒染的情况下，使用豆浆打底的棉布比丝绸染色更深。

部位　鲜叶、茎、花
采集时间　9~10月
使用量　面料重量的5倍
染液制作方法　将叶、茎、花直接放入热水中，加热沸腾后煮15分钟，用细纹布过滤萃取1遍液。再以同样方法萃取2遍液。
染色方法　浸染，煮染
色彩样本　鲜叶、茎、花，煮染，面料重量的5倍，使用1、2遍液，10月17日操作。

马蓼
蓼科

植物备忘录　日本称为犬蓼。马蓼与辣蓼同宗同源，故与"即使辣食蓼虫也喜欢"（译者注：日本谚语，意即萝卜白菜各有所爱）的辣蓼非常相似，但它没有辣味儿。此外，日本名称中的"犬"并没有实质性意义。马蓼是各地原野、路旁最为普通的植物。高20~50cm，花穗1~5cm。每一朵花的花萼都是红色，非常可爱。

在相同场所还经常生长着一种大马蓼，长速很快，好像瞬间就可达到1~2m，花色苍白，看上去非常普通。

这种大马蓼的显著特征，是在高高枝顶垂下深红色大花穗。它逃离庭院，在路旁、河滩等野外自然生长。

染色备忘录　花期为6~10月。红花（其实是萼）初绽时收割，用于染色。

其形态与染蓝色的蓼蓝相近，可惜马蓼染

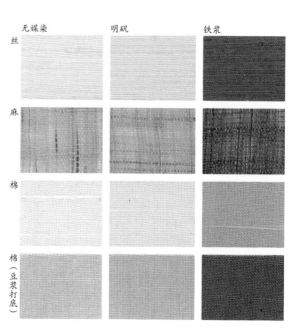

杂树林

有橡子、落叶等的杂树林是染料宝库

新绿耀眼的麻栎林　5月上旬

麻栎
壳斗科

植物备忘录　这是种高度达15m的落叶乔木。在日本武藏野杂树林中数量很多。树皮为深褐色，纵向有深裂纹。叶细长，边缘有针状尖锯齿，感觉与板栗叶相

麻栎　10月下旬

似。雌雄同株。4～5月，黄绿色雄蕊下垂。

其果实就是所谓的橡子，直径有2cm，圆溜溜坐着，憨态可掬。因果实较大，其下部外壳的橡碗子也随之宽大，略显浅。虽然橡碗子外侧长得像带刺外壳，但它与板栗不同，没有针状尖刺。橡是麻栎的古名，也是橡子的总称，还是日本和服"袭色目"（译者注：指称为"十二单衣"的日本贵族妇女装束对应四季变化的严格配色）的色彩名称。

染色备忘录　自古使用麻栎果实，用铁浆媒染可染得日本称为黑橡的紫黑色，用草木灰水媒染可染得称为黄橡的偏黄浅棕色。树皮也能染出相同的色彩。

落叶也可以染色，

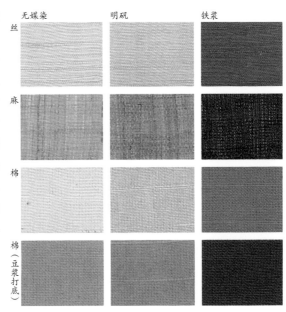

	无媒染	明矾	铁浆
丝			
麻			
棉			
棉（豆浆打底）			

但比树皮和果实染出的色彩浅。现在由于不再使用木柴作为燃料，很难获取树皮染色，而收集落叶不伤及树木，且简单易得。用明矾媒染可染得浅棕色，用铁浆媒染可染得偏棕的灰色。

部位 落叶

采集时间 11 ～ 12 月

使用量 与面料重量相同

染液制作方法 将落叶洗净，直接放入热水中，加热沸腾后煮 15 分钟，用细纹布过滤萃取 1 遍液。再以同样方法萃取 2 遍液。

染色方法 浸染，煮染

色彩样本 落叶，煮染，与面料重量相同，使用 1、2 遍液，1 月 17日操作。

枹栎　11 月上旬

枹栎
壳斗科

植物备忘录 日本称为小楢，古名柞。日语汉字有多种读音。它曾作为伴"母""枕词"（译者注：日本和歌的一种修饰法。又称冠词，冠于特定词语前起修饰和调整语句的作用）出现于《万叶集》。

枹栎是日本杂树林的主要树种，在山野中向阳的地方随处可见。春游时，与其幼芽的银色和嫩叶的黄绿色相遇，为登山增添了喜悦。高15～20m。树皮灰黑色，布满纵向深裂纹。叶长5～15cm，好像稍微细长的小型柞栎叶。橡子的橡碗子较浅，长满繁密的鳞片。

染色备忘录 它与麻栎一样，自古用果实和树皮染色，用铁浆媒染，从黑棕色染成日本称为黑橡的紫黑色。

使用落叶，可以染出比使用果实和树皮稍浅的色彩。用明矾媒染可染得浅棕色，用铁浆媒染可染得日本称为茶鼠的棕灰色，是一种比麻栎略微偏棕的色彩。

红叶　10月下旬

果实　10月下旬

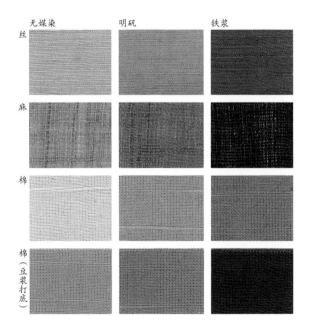

	无媒染	明矾	铁浆
丝			
麻			
棉			
棉（豆浆打底）			

部位 落叶（可以晒干保存，但变暖易生虫）

采集时间 11～12月

使用量 与面料重量相同

染液制作方法 将落叶洗净，直接放入热水中，加热沸腾后煮15分钟，用细纹布过滤萃取1遍液。再以同样方法萃取2遍液。

染色方法 浸染，煮染

色彩样本 落叶，煮染，与面料重量相同，使用1、2遍液，4月3日操作。

板栗　6月上旬

板栗
壳斗科

植物备忘录　山上忆良（译者注：日本奈良时代诗人）在《万叶集》中吟咏："食瓜思吾儿，食栗益相思。"在日本绳文时代的遗址发掘中，不断有栗子出土。我至今从事跟栗子打交道的工作，遥想远祖先人的生活，无比快乐。栗子别有风味，即使在美味极为丰富的当代，栗子糕点也深受欢迎。山上忆良的孩子们吃栗子时露出的笑脸，想必也是可爱至极的吧。

板栗是生长于山地的乔木。初夏，树梢上长满奶油色绳状雄花的花穗。在同类植物中，只有板栗长有带刺外壳。其针状尖刺易折断，如果残留在皮肤里，疼痛难耐。以前，人们用板栗的带刺外壳填塞墙壁上的老鼠洞。孩子们为了吃栗子，常灵巧地用脚剥落带刺外壳。

染色备忘录　因其作为果树被广泛种植，是极易得到的一种染料。而且，随着季节变化，可以利用其不同部位进行染色。

6月前后，花落。因其开花量大，此时能够收集到很多花瓣。盂兰盆节过后，用叶、小枝染色，秋天用带刺外壳染色。果皮也可以使用，但带刺外壳更容易收集。冬天，用落叶染色。

板栗的任何部位，用明矾媒染都可染出略微偏黄的浅棕色，是一种柔和而温暖的色彩。用铁浆媒染，可从黑棕色染成紫黑色。

部位　落花、叶、小枝、带刺外壳、落叶

采集时间　6~11月

使用量　花、叶、小枝是面料重量的3倍。带刺外球为面料重量的一半至同量。

染液制作方法　将染材直接放入热水中，加热沸腾后煮15分钟，用细纹布过滤萃取1遍液。再以同样方法萃取2遍液。带刺外壳可以萃取至4~6遍液。

染色方法　浸染，煮染

色彩样本　干燥的带刺外壳，煮染，面料重量的一半，使用1、2遍液，10月15日操作。

带刺外壳和果实　8月下旬

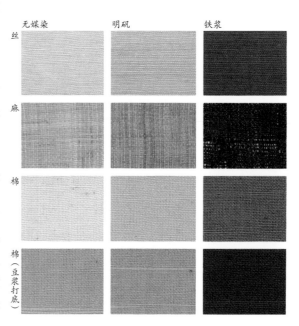

	无媒染	明矾	铁浆
丝			
麻			
棉			
棉（豆浆打底）			

柞栎
壳斗科

植物备忘录 日本称为槲。即便不知道它的样貌，每年 5 月节日间也会见到柞栎叶中的柏饼（译者注：一种带馅儿年糕）。在日本槲本来是指包或装食物、酒的大叶植物总称，据说是从炊（焖）来的。日本称为赤芽槲的野梧桐等也有相同意思。

柞栎生长于山地，高 10～15m。包裹树干的黑皮凹凸不平，其上有纵裂纹。在其他树木的叶子落尽后，柞栎的大量枯叶仍然留在枝头，越过冬季。

花期为 5~6 月，10cm 以上的绳状雄花下垂，其雄花不久会变为球形橡子。柞栎常作为庭园树木种植，是很好的建筑材料。

染色备忘录 使用树皮，用铁浆媒染从黑棕色染成黑色。

9 月过后的鲜树叶也可以染色，但我建议使用易得的落叶。与鲜叶、树皮相比，落叶染出的色彩略浅。

用明矾媒染可染得浅棕色，用铁浆媒染可染得黑棕色。

大戟科的野梧桐、红背山麻杆，用铁浆媒染，也从紫黑色染成黑棕色。

柞栎　10 月中旬

部位 落叶（可以晒干保存，但变暖易生虫）

采集时间 11～次年 1 月

使用量 与面料重量相同

染液制作方法 将落叶洗净，直接放入热水中，加热沸腾后煮 15 分钟，用细纹布过滤萃取 1 遍液。再以同样方法萃取 2 遍液。

染色方法 浸染，煮染

色彩样本 落叶，煮染，与面料重量相同，使用 1、2 遍液，2 月 6 日操作。

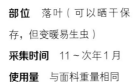

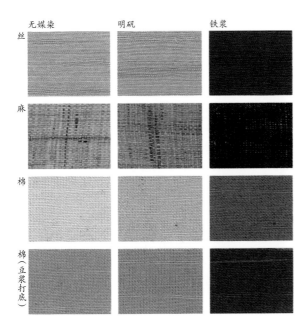

果实　10 月中旬

染色图鉴　033

青冈栎　10月下旬

青冈栎
壳斗科

植物备忘录　日本称为粗樫，是一种可达20m高的常绿乔木。树皮是偏暗绿的灰色，没有裂纹。叶为阔卵形。

与小叶青冈相比，它的叶片宽大。正面为革质、光亮，反面呈灰白色。叶子的前半部分有粗锯齿。因它处于没有锯齿的血槠与有细小锯齿的小叶青冈之间，故而得此别致的名称。对

于日本名粗樫，可以解释为其枝叶粗大而坚硬。

作为果实的橡子，长2cm左右，比血槠橡子大一些，其碗状外壳也较深。它主要集中生长在日本关西地区。

染色备忘录　在我出生成长的上州（译者注：现群马县），冬季寒风凛冽，农户都在房屋北侧和西侧种植栎树防风。修剪得整整齐齐的栎树篱笆，在儿童的心中也别有一番风情。

从晚秋至冬，使用叶、小枝染色，用铁浆媒染可染得黑棕色，用明矾媒染可染得浅棕色。其橡子的铁浆媒染，可染得略微偏棕的银灰色。

部位　鲜叶、小枝、橡子（可以保存）

采集时间　11～次年1月

使用量　面料重量的一半

染液制作方法　将染材直接放入热水中，加热沸腾后煮15分钟，用细纹布过滤萃取1遍液。再以同样方法萃取至4遍液。

染色方法　浸染，煮染

色彩样本　橡子，煮染，面料重量的一半，使用1、2遍液，3月5日操作。

小叶青冈
壳斗科

植物备忘录　日本称为白樫，别名黑樫。这里的白指木材的色彩，与血槠木材带有红色相对应。黑是指树皮为黑色。它原本野生于山岳地带，在日本关东及中部地区多作为防风树篱种植于房屋周围。入秋，大风过后，吹落的黑棕色圆溜溜橡子大量散落于古旧农户的围栏外，挡住散步的去路。

小叶青冈是高度可达20m的常绿乔木。叶为长椭圆形，尖端锐利，叶长5～12cm，上半部分叶缘有锯齿。轻薄、革质。正面是发光的绿色，反面为灰白色。嫩叶偏紫褐色。雌雄同株。

4月前后，棕褐色绳状雄花的花穗垂下来。橡子约1.5cm，小粒，碗状外壳较浅，外表有6～8圈环纹。

染色备忘录　因叶小、形美，日本近来常将其作为庭园树木销售。

晚秋至冬，修剪叶、小枝，立即染色。用铁浆媒染可从银灰色染成偏棕的灰色。

由于小叶青冈的1、2遍液偏棕色，不能染出银灰色，但3、4遍

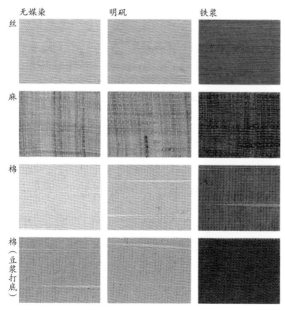

	无媒染	明矾	铁浆
丝			
麻			
棉			
棉（豆浆打底）			

液能够染出银灰色。另外，使用陈旧的铁浆液媒染也不能染出银灰色。

　　用明矾媒染可染得浅棕色。

部位　鲜叶、小枝

采集时间　11～次年1月

使用量　面料重量的一半

染液制作方法　将叶、小枝直接放入热水中，加热沸腾后煮15分钟，用细纹布过滤萃取1遍液。再以同样方法萃取2遍液。可继续萃取3、4遍液。

染色方法　浸染，煮染

色彩样本　鲜叶、小枝，煮染，面料重量的一半，使用1、2遍液，12月25日操作。

小叶青冈　5月上旬

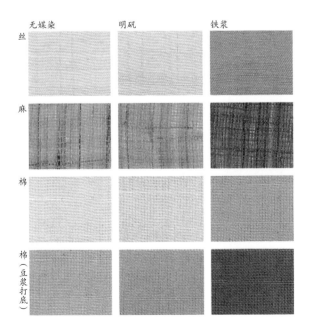

	无媒染	明矾	铁浆
丝			
麻			
棉			
棉（豆浆打底）			

果实　11月上旬

榉树　11月中旬

榉树
榆科

植物备忘录 它是修长树干上顶着漂亮扇形树冠的乔木。抽芽的透明嫩绿、阴凉的夏季繁枝、如鸟群般飞舞的秋天落叶、纤细而孤寂的冬日树梢……这一切都符合日本武藏野的象征。

过去一直守护森林和农户宅林的老树逐年减少，在城市里正在被耸立的高楼大厦遮蔽。不过，也正因为这样，当背对黄昏山峦的远树倩影时，才会不断诱发对遥远事物的强烈憧憬。

日语汉字的"榉"即榉树，据说是特别突出的树木之意。其在日本还有别名槻。因其木材粗大，材质细密，纹理美丽，极少弯曲，多用于建筑、家具陈设和雕刻工艺等，备受珍视。

花期为 4～5 月。绽放浅黄绿色小花，极不显眼。果实坚硬，呈歪球状，暗褐色。

染色备忘录 因其作为街边树广泛种植，在定期修剪的时候，进行收集或托付花匠，比较容易得到枝叶。

鲜树皮染色，用明矾媒染可以染出偏粉红的浅棕色。

最适合做染材使用的，还是容易得到的落叶吧。11 月前后，在街边树周围清扫收集落叶用于染色。把煮后的落叶制成腐叶有机肥料。

落叶与树皮染色不一样，落叶用明矾媒染，

落叶　12 月上旬

树皮　11 月上旬

可染出日本称为桦色的偏橙浅棕色。用铁浆媒染的棕褐色也是很美的色彩。

煮出的染液放置1~3 天后使用，比立即使用染出的色彩偏红。

部位 落叶（可以晒干保存，但变暖易生虫）

采集时间 11～12 月

使用量 与面料重量相同

染液制作方法 把落叶洗净，直接放入热水中，加热沸腾后煮 15 分钟，用细纹布过滤萃取 1 遍液。再以同样方法萃取 2 遍液。放置 1～3 天进行染色。

染色方法 浸染，煮染

色彩样本 落叶，煮染，与面料重量相同，使用放置一夜的 1、2 遍液，3 月 27 日操作。

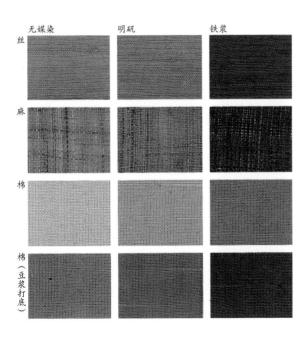

	无媒染	明矾	铁浆
丝			
麻			
棉			
棉（豆浆打底）			

海州常山 7月下旬

海州常山
马鞭草科

植物备忘录 日本称为臭木。夏末至秋，在山野中漫步，经常看到开着白花的海州常山。其白色星形花朵散发着百合般的幽香。花萼红色，俊美俏丽。我记得曾被黑色凤蝶深深吸引，目不转睛地看着十几只乌鸦凤蝶、麝香凤

蝶在花间飞舞。花一败落，黄豆粒大小的果实成熟变为蓝色。此时，红色花萼还原封不动保留着。蓝果在红萼衬托下愈发显得晶莹剔透。

虽然姿态美如画，但这个"美女"有体臭的问题。一旦被摘花折枝，就散发出强烈的臭味儿，粘在手指上难以去除。日本臭木之名正是源于此。

它曾作为救荒植物（译者注：古代遇荒年时，人们采摘用以充饥活命的野生植物）广为人知，其嫩叶水焯后食用，味道鲜美。据说木材可以削成钓墨鱼的假饵。其在日本还有别名臭木菜，以及因其叶形似梧桐而得名的臭桐。

染色备忘录 用果实能染出鲜艳蓝色的植物，迄今为止我只知道

海州常山。采集枝梢，分离果实、花萼，进行染色。如果树枝修剪过短，来年就不结果实。一棵树龄10年左右的海州常山，大约产2kg果实。

果实不媒染，用约70℃的染液浸染。使用不捣碎的深蓝色熟果，萃取1、2遍液。染制丝绸材料，可从漂亮的水色染成蓝色。

把果实捣碎可染出偏黄的青瓷色，因而用1、2遍液染蓝色，用3、4遍液染青瓷色。由于果实中含有高级脂肪酸，经染色的面料、线，有护发素般的柔软质感。把果实趁新鲜冷冻保存，随时都可以染色。

鲜花萼用铁浆媒染可染得银灰色。因为晾干将染出偏棕灰色，所以最好趁新鲜染色。夏天树叶用铁浆媒染，可染得日本称为利休鼠的偏绿灰色。

部位 鲜叶、果实、干或鲜花萼

采集时间 叶（7～9月）、果实、花萼（10～11月）

使用量 果实为面料重量0.5～2倍，花萼为2～3倍，叶为3～5倍。

染液制作方法 果实不捣碎直接放入热水中，加热沸腾

果实 10月下旬

后煮15分钟，用细纹布过滤萃取1、2遍液。果实捣碎再萃取3、4遍液。

叶、花萼加热沸腾后煮15分钟，萃取1、2遍液。

染色方法 浸染（果实、花萼），煮染（花萼、叶）

色彩样本 鲜叶：煮染，面料重量的5倍，使用1遍液，9月18日操作。

鲜果实：浸染，面料重量的2倍，使用1、2遍液，11月7日操作。

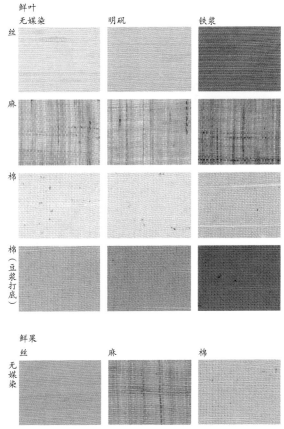

灯台树的嫩叶　4月上旬

灯台树
山茱萸科

植物备忘录 日本称为水木。5～6月的花开时节，从行驶于山间电车的车窗望去，灯台树极易识别。其白色小花呈扁平块状排列于枝头上，叶子好像要枯萎似的一律向下垂着。如此这般景象，见过一次就不会忘记。在树叶落尽的冬日，粗大发红的小树枝连续性有序分叉，节奏感强，极富趣味，这再一次让人印象深刻。

观察小花，有4片细长的白色花瓣。毫无疑问，它酷似街边树的四照花。叶为阔椭圆形，长6～15cm，前端尖锐，根部内凹。10月前后，直径6～7mm的球形果实成熟，变为蓝黑色。

据说在日本木偶人形中，制作白色美人使用的木材就是灯台树。

染色备忘录 枝条红色的小树，在冬季树木中非常显眼。

春天，黄绿色嫩叶聚集在柔软的枝头，那逐渐伸展的身姿，使人强烈感受到春的气息。面向天空盛开的花成片如毯，蔚为壮观，秋天的蓝色果实也精美

花　5月上旬

绝伦。

用秋叶、小枝，以及冬天修剪的小枝染色，用铁浆媒染，可从紫黑色染成棕黑色。另

外，桉木也能够染出相同的色彩。

部位 鲜叶、小枝

采集时间 9～10月，11～2月

使用量 面料重量的3～5倍

染液制作方法 把叶、小枝直接放入热水中，加热沸腾后煮15分钟，用细纹布过滤萃取1遍液。再以同样方法萃取2遍液。

染色方法 浸染，煮染

色彩样本 鲜叶、小枝，煮染，面料重量的5倍，使用1、2遍液，1月29日操作。

	无媒染	明矾	铁浆
丝			
麻			
棉			
棉（豆浆打底）			

部位 鲜果

采集时间 7月

使用量 从面料重量的一半到同量

染液制作方法 把果实直接放入热水中，加热沸腾后煮15分钟，用细纹布过滤染液萃取1遍液。再以同样方法萃取2遍液。

染色方法 浸染，煮染

色彩样本 鲜果，煮染，面料重量的70%，使用1、2遍液，7月3日操作。

旌节花的花序　4月中旬

旌节花
旌节花科

植物备忘录 日本称为木五倍子。早春，别的树木尚未发芽，旌节花已率先开花。在杂树林的斜坡和山谷溪流中，它伸出柔软的枝条，开满淡黄色铃形花，那如璎珞连缀般的优美姿态，非常引人注目。

连接这些璎珞的不是"线"，而是结实的树枝，在风中纹丝不动，尽显独特之美。故此，与其说是女神，不如说它更能让人联想到佛像。花由4片花瓣组合而成。雌雄异株。

在雌株上结出豆粒大小的果实，内有大量小种子。因为果实可以代替五倍子（日本古代染黑牙齿的原料，盐肤木上五倍子蚜虫的虫瘿），所以日本称其为"木五倍子"。树芯木髓也可代替灯芯等，它是与生活密切相关的植物。在日本，旌节花还有因花或果实形态而得名的木藤、豆五倍子、谷渡等别名。

染色备忘录 据说将果实晾干，在臼中锤捣成粉末，可以代替五倍子用作黑色染料并染黑牙齿。

鲜果实煮染，用铁浆媒染可染得比五倍子偏棕的紫黑色。好像它是为了证明可以代替五倍子染色，故而染出的色彩很深。用其染麻，染出的色彩与椴树内皮织成的椴布色非常相似，柔美而雅致。

果实　8月下旬

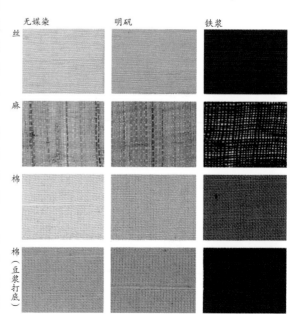

三叶海棠
蔷薇科

植物备忘录 日本称为酸实。落叶小乔木，高度可达 10m 左右。主要生长在本州地区向阳的优质山地，也经常群生于荒地和湿地边缘。别名"小梨"，日本长野县上高地的小梨平，就是因盛产三叶海棠而得名。

它还叫"小苹果"，但比苹果多一圈白色小花，结出直径 6 ~ 10mm 的红色果实。花蕾浅红色，非常可爱。

通体长着小枝变异的尖刺。叶子特征独特，枝梢的叶为长椭圆形，而长在粗枝的叶分 3 裂或羽状。嫩枝和叶上都生有软毛。

三叶海棠是酸果实，据说其名称的日语读法也是来自转音。可作为庭园树木种植和器具材料使用。

染色备忘录 9 月前后，修剪叶、小枝用于染色。用明矾媒染可染得偏红棕的黄色，用铁浆媒染可染得绿褐色。

煎煮三叶海棠，用明矾和草木灰水可以制作植物性黄颜料，也有用毛刷直接把染料刷于面料，或者从型纸镂空处进行刷色的历史。

部位 鲜叶、小枝

采集时间 9 ~ 10 月

使用量 面料重量的 3 倍

染液制作方法 把叶、小枝直接放入热水中，加热沸腾后煮 15 分钟，用细纹布过滤萃取 1 遍液。再以同样方法萃取 2 遍液。

染色方法 浸染，煮染

色彩样本 鲜叶、小枝，煮染，面料重量的 3 倍，使用 1、2 遍液，9 月 24 日操作。

三叶海棠 5 月下旬

	无媒染	明矾	铁浆
丝			
麻			
棉			
棉（豆浆打底）			

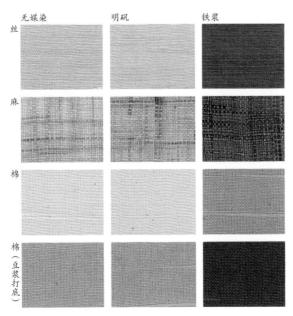

花 5 月下旬

小叶荚蒾 5月中旬

部位 鲜叶、小枝

采集时间 9~10月

使用量 面料重量的5倍

染液制作方法 把叶、小枝直接放入热水中,加热沸腾后煮15分钟,用细纹布过滤萃取1遍液。再以同样方法萃取2遍液。放置1~3天进行染色。

染色方法 浸染,煮染

色彩样本 鲜叶、小枝,煮染,面料重量的5倍,使用放置一夜的1、2遍液,9月25日操作。

小叶荚蒾
忍冬科

植物备忘录 它是在日本各地山岳和田野常见的荚蒾植物,如绣球花一般大小,叶子圆形,对生,较为单薄。通体有毛,如折痕般规律齐整的叶脉独具特色。

秋天,通红熟透的小果实酸甜可口,小鸟和孩子都很喜欢吃。小叶荚蒾在日本有很多别名,这应该是它备受喜爱的证据吧。

小叶荚蒾名副其实,叶为卵形,比荚蒾小。长9~10cm,叶柄短,根部生小叶是其典型特征。

染色备忘录 春天白花数不胜数,秋天红果、红叶赏心悦目,因而被作为庭园树木种植。

将染液放置1~3天后染色,可以染出更红的色彩。用明矾媒染,可染得日本称为赤桦的红棕色。

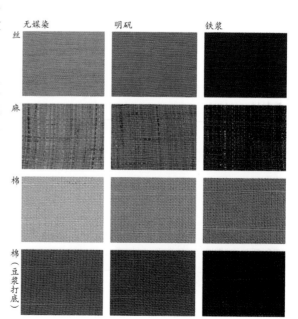

	无媒染	明矾	铁浆
丝			
麻			
棉			
棉(豆浆打底)			

庭园树木和街边树

利用落叶和剪枝

花儿绽放的梅林　3月中旬

梅
蔷薇科

植物备忘录　虽然遍及日本各个角落，但它原产于中国。作为舶来植物，被归入最古老的一类。因其香味儿清幽且样貌清爽俊丽，从久远的日本万叶时代就深受人们喜爱，并被培育出很多园艺品种。

白梅　2月中旬

在温暖地带亦有野生品种，形态素朴，称为野梅。据说其名称日语读法是来自汉语 mei 的转音。

正如俗语"剪樱者愚蠢，不剪梅者愚蠢"那样，每年都要修剪梅，修剪技术优劣对梅花影响极大，因而容易取得梅枝用于染色。

染色备忘录　梅自古就经常用于染色。

为了收果，12～次年1月剪枝，材料易得。如果晾干，可以使用4～5年。用明矾媒染可染得偏红棕的肉色，即所谓梅染。用铁浆媒染可染得偏棕的灰色。

部位　鲜或干小枝
采集时间　12～次年1月
使用量　与面料重量相同
染液制作方法　把小枝切碎，直接放入热水中，加热沸腾后煮15分钟，用细纹布过滤萃取1遍液。再以同样方法萃取2遍液。

染色方法　浸染，煮染
色彩样本　干小枝，煮染，与面料重量相同，使用1、2遍液，5月9日操作。

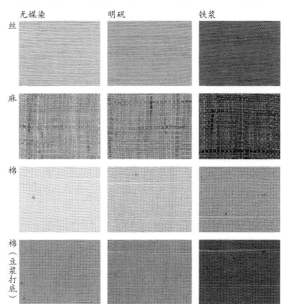

	无媒染	明矾	铁浆
丝			
麻			
棉			
棉（豆浆打底）			

里樱　4月中旬

里樱
蔷薇科

植物备忘录 从野生于山地的山樱等原生种中选出，经过长时间栽培、杂交而成的园艺品种的总称。有 200 余种，在大岛樱系列中多为重瓣品种。

最为常见的是普贤象。它是从日本室町时代就广为人知的品种，重瓣大花，直径达 5cm 左右。随着绽放从淡红色变为白色。花中心有两根变异为叶子的雄蕊，犹如普贤菩萨乘坐的白象鼻子，由此而得名。同样具有大众化特征的还有色彩更偏红的关山樱，花径 5 ~ 6cm。汉字关山，在日本有不同读音。还有广泛种植于日本校园和公园的八重樱，大部分都是这两种。另外，郁金、御衣黄等黄樱也深受人们喜爱。

染色备忘录 因其经常作为街边树种植，修剪时承蒙转让或托付花匠，极易得到。

冬天使用鲜树皮染色，用明矾媒染可染得肉色，用草木灰水媒染可染得偏浅棕的桃红色。

盂兰盆节过后煎煮鲜叶，把染液放置一夜后染色，从偏橙棕色系的桦色染成赤桦色。不过，在盂兰盆节前的 8 月上旬，只能染出偏黄的浅棕色。

看到这样的色彩变化，真切感受到植物与季节相融共生。

因为樱花几乎不剪枝，所以使用落叶染色。清扫街边树周围，收集落叶进行染色。煎煮后的树叶，最好制成腐叶有机肥料。

与鲜叶相比，使用落叶染的色彩更偏于棕色，很漂亮。用明矾媒染可染得日本称为桦色的偏橙棕色。铁浆媒染的浅黑棕色也很美。

把煮落叶得到的染液放置 1 ~ 3 天后染色，比立即染色更偏红。要染成更加鲜红的色彩，最好使用没被雨淋过的干净落叶。

部位 落叶（可以晒干保存，但变暖易生虫）

采集时间 11 ~ 12 月

使用量 与面料重量相同

染液制作方法 把落叶洗净，直接放入热水中，加热沸腾后煮 15 分钟，用细纹布过滤萃取 1 遍液。再以同样方法萃取 2 遍液。放置 1 ~ 3 天进行染色。

染色方法 浸染，煮染

色彩样本 落叶，煮染，与面料重量相同，使用放置一夜的 1、2 遍液，4 月 3 日操作。

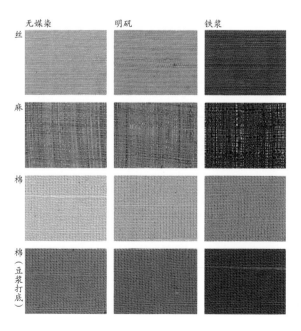

	无媒染	明矾	铁浆
丝			
麻			
棉			
棉（豆浆打底）			

红树叶　11 月上旬

枇杷
蔷薇科

植物备忘录 在日本四国、九州有野生种，但据说枇杷果树是古代传入的。在日本风土气候中，将吃果剩下的大种子埋起，就很容易发芽生长，颗粒虽小但也会结出果实。多见于家宅院前。在温暖地带长势好。

叶长 15～20cm。叶脉深深凹陷，显得皱巴巴的，正面为暗绿色，反面密生褐色短毛。

初冬，浅褐色绒毛包裹着的花穗开出白色五瓣小花，散发着清香。第二年夏天收果。

染色备忘录 叶子有药效，听说长痱子、湿疹时，可以煮叶清洗患处，或者用枇杷叶水直接浸泡，作为民间疗法予以利用的人很多。

另外，据说登山时在鞋底铺上枇杷叶，脚就不酸不累。我尝试过一次，袜子虽被染上色彩但效果明显。

从秋至冬，使用叶、小枝染色。用明矾媒染可染得称为柿色的发黄红棕色，用铁浆媒染可染得偏红的紫褐色。如若染制更偏红的色彩，需要将染液放置 1～3 天后染色。染色使用的是老叶，不是新芽。

枇杷　11 月下旬

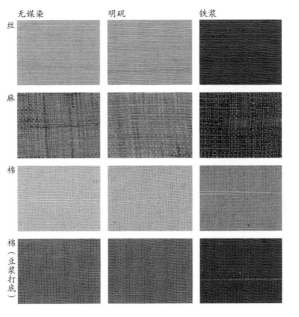

	无媒染	明矾	铁浆
丝			
麻			
棉			
棉（豆浆打底）			

部位 鲜叶、小枝

采集时间 10～次年 1 月

使用量 面料重量的 3～5 倍

染液制作方法 把叶、小枝直接放入热水中，加热沸腾后煮 15 分钟，用细纹布过滤萃取 1 遍液。再以同样方法萃取 2 遍液。放置 1～3 天进行染色。

染色方法 浸染，煮染

色彩样本 鲜叶、小枝，煮染，面料重量的 5 倍，使用放置一夜的 1、2 遍液，10 月 15 日操作。

果实　6月下旬

杏花　4月下旬

杏
蔷薇科

植物备忘录　日本别名唐桃，是古代从中国传入的果树。种子中的杏仁是备受珍视的药材。

杏仁清香，有止咳、祛痰功效。中国烹饪的杏仁豆腐，就是由杏仁磨粉制作而成。

日本长野县更埴市是著名的杏产地，江户时代就记载"信浓（译者注：现长野县）最多"。

当梅花开始散落的时候，杏在长叶之前开花。花蕾红色，随着绽放变为白色，密密麻麻地挤在一起，就像贴在树枝上似的，几乎没有空隙。

杏果除了生食，还可以加工成杏干和果酱。

染色备忘录　春天赏花，初夏食果，冬日可以染色的杏树，是作为庭院树木的理想植物。

冬天，趁修剪小枝时染色。将染液放置1～3天后染色，所染色彩更偏红，用明矾媒染可染得像杏果一样的日本称为洗朱的色彩。

部位　鲜或干小枝
采集时间　12～次年1月
使用量　面料重量的5倍
染液制作方法　把小枝切碎，直接放入热水中，加热沸腾后煮15分钟，用细纹布过滤萃取1遍液。再以同样方法萃取2遍液。

染色方法　浸染，煮染
色彩样本　鲜小枝，煮染，面料重量的5倍，使用放置一夜的1、2遍液，1月24日操作。

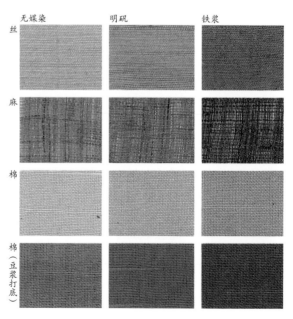

	无媒染	明矾	铁浆
丝			
麻			
棉			
棉（豆浆打底）			

木瓜
蔷薇科

植物备忘录 日本称为花梨，是原产于中国的落叶乔木。树干表皮呈鳞状剥落。叶为倒卵形，4～7cm，边缘有细小锯齿。春天，伴随着嫩叶生长，依次绽放直径4cm左右的浅红色花。

花谢后，结出歪斜的洋梨形大果实。坚硬发酸，不能直接吃，但变黄成熟后香味儿扑鼻，将其放在房间则香气弥漫，令人心旷神怡。它作为蜜饯和果酒材料深受人们喜爱。浸泡于糖和蜂蜜的木瓜果实，有止咳和利尿的药效。因其木材质好且有光泽，多用于制作家具和乐器等。

木瓜　4月中旬

染色备忘录 把叶、小枝用明矾媒染进行染色，得到偏黄的红棕色，即从亮丽的浅柿色染成日本称为赤桦的红棕色。铁浆媒染的发红紫褐色也很美，与上沟樱、紫杉等干材色彩相近。

部位 鲜叶、小枝
采集时间 9～10月
使用量 面料重量的3倍
染液制作方法 把叶、小枝直接放入热水中，加热沸腾后煮15分钟，用细纹布过滤萃取1遍液。再以同样方法萃取2遍液。
染色方法 浸染，煮染
色彩样本 鲜叶、小枝，煮染，面料重量的3倍，使用1、2遍液，10月17日操作。

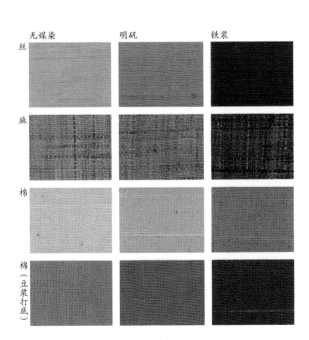

	无媒染	明矾	铁浆
丝			
麻			
棉			
棉（豆浆打底）			

红花山楂　5月中旬

野山楂
蔷薇科

植物备忘录 日本称为山楂子或山查子。原产于中国。日本有明确记载，它于享保十九年（1734年）从朝鲜传入。现在广泛种植于庭园。

落叶小乔木，小枝繁茂，通体有刺。叶为楔形，前部3～5裂，边缘有不规则粗锯齿。叶背面及叶柄、花梗、花萼等处多毛（西洋山楂无毛）。

花期为4～5月，绽放直径2cm左右的白花，分别以5～6朵为一组聚集在一起。花瓣圆形，花瓣之间有些缝隙，类似于日本家徽中的梅钵纹。雄蕊20根，与花瓣长度相同。开花后，直径2cm左右的球形果实

野山楂　5月中旬

变红而成熟，可入药。

日本江户时代植物学家小野兰山在其著作中赞赏道："红叶好，花儿如一片树上覆盖着雪，尽情观赏。"

染色备忘录　它被作为庭院树木销售。秋天的红果实有促进消化作用，对健胃、整肠、宿醉和食物中毒等都具有疗效。据说用其鲜叶可以给鱼和鸡肉消毒。

用明矾媒染，可从偏黄红棕色系的洗柿色染成桦色。西洋山楂（插图照片是红花山楂）也能染出相同色彩。窄叶火棘（红子）同样染得很好。野山楂除了叶，小枝也可用于染色，因而我很想在院子里种植。

部位　鲜叶、小枝

采集时间　9～10月

使用量　面料重量的2～3倍

染液制作方法　把叶、小枝直接放入热水中，加热沸腾后煮15分钟，用细纹布过滤萃取1遍液。再以同样方法萃取2遍液。

染色方法　浸染，煮染

色彩样本　鲜叶、小枝，煮染，面料重量的2倍，使用1、2遍液，10月17日操作。

窄叶火棘　12月上旬

果实　9月中旬

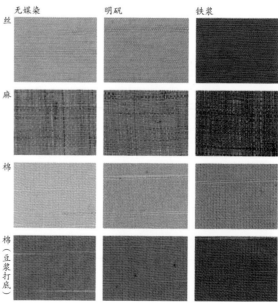

垂丝海棠
蔷薇科

植物备忘录 日本称为花海棠。古代从中国传入的一种花树，它和牡丹并列为花中之王。

该花名屡次出现于文学作品中。说到"海棠带雨"就想到泪水浸湿的美女姿态，它早已成为绝世佳丽的代名词。中国唐玄宗皇帝形容杨贵妃为"海棠睡未足耳"，以此赞美醉酒未醒的美人，极为贴切。

垂丝海棠主要种植于庭园，时常能见到盘根错节的漂亮大树。春天，4~6朵带长梗的花朵呈束状垂下来。花蕾深红色。垂丝海棠虽绽开时朦胧含蓄，但红色不褪，给人以浓艳之感。它不结果实。

在日本九州的雾岛山上长有一种结果的野海棠。

染色备忘录 4月上旬，发浅紫的红花交错绽放，姿态华贵美丽。

秋天，使用叶、小枝染色，用明矾媒染可染得日本称为土器色的一种偏黄浅棕色。能够染出浅棕色的树木很多，但能够染出如此柔美色彩的绝无仅有。这是我非常喜欢的一种色彩。

用铁浆媒染染得的日本称为黄海松茶的偏黄灰绿色也很漂亮。

部位 鲜叶、小枝

采集时间 9~10月

使用量 面料重量的3倍

染液制作方法 把叶、小枝直接放入热水中，加热沸腾后煮15分钟，用细纹布过滤萃取1遍液。再以同样方法萃取2遍液。

染色方法 浸染，煮染

色彩样本 鲜叶、小枝，煮染，面料重量的3倍，使用1、2遍液，10月2日操作。

垂丝海棠　4月上旬

花　4月上旬

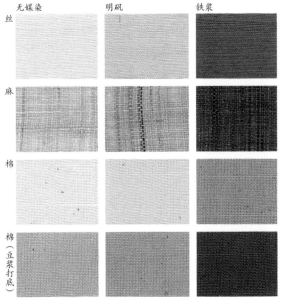

	无媒染	明矾	铁浆
丝			
麻			
棉			
棉（豆浆打底）			

三叶杜鹃　4月中旬

三叶杜鹃
杜鹃花科

植物备忘录　日本称为三叶踯躅。春天，山上万木复苏，在其他树木萌芽之时，三叶杜鹃就在同类中率先绽放。在长出叶子之前，鲜花满枝，争奇斗艳。

花径3～4cm，为发蓝的耀眼紫色。假若把此花比作脸的话，在其额头部分长有深紫色的斑点。生出的嫩叶为阔卵形，每3片叶轮生，由此得名。同样在山上，开花稍晚的是山杜鹃，花色鲜红，放眼望去非常醒目。

同类杜鹃花植物大多归为亚种，因地域不同有细微变异。三叶杜鹃有5根雄蕊，而生长于日本关东地区和东海道周边的东国三叶杜鹃则有10根雄蕊。本州中部山岳地带的小叶三叶杜鹃均分布于日本中部以西地区。

染色备忘录　秋天使用叶、小枝染色，能够染出意想不到的深色。用明矾媒染，染得偏黄红棕色系的亮丽赤桦色。

用铁浆媒染的紫褐色发红，非常漂亮。

用明矾、铁浆媒染，能够染出与杏树干材相近的色彩。

部位　鲜叶、小枝
采集时间　9～10月
使用量　面料重量的3倍
染液制作方法　把叶、小枝直接放入热水中，加热沸腾后煮15分钟，用细纹布过滤萃取1遍液。再以同样方法萃取2遍液。
染色方法　浸染，煮染
色彩样本　鲜叶、小枝，煮染，面料重量的3倍，使用1、2遍液，9月21日操作。

新芽　5月上旬

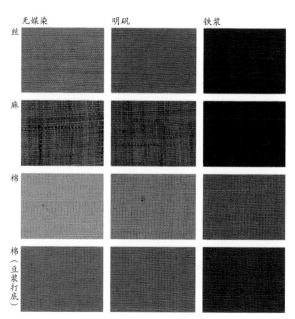

	无媒染	明矾	铁浆
丝			
麻			
棉			
棉（豆浆打底）			

辛夷
木兰科

植物备忘录 每年 4 月，当白玉兰已经凋谢的时候，辛夷的紫色厚实花瓣才开始打开，绿色嫩叶也一同长出来。

它原产于中国，是很久以前就传入日本的落叶灌木。主要种植于庭园。

花瓣为 6 片，外侧暗紫色，内侧淡紫色。向阳开放，气味清香。开花后，结出不规则的凹凸果实，成熟后四处裂开，红色种子有白丝吊着。

辛夷的同类作为被子植物，其化石被大量发现于最原始的白垩纪地层中。它的花粉也出现于侏罗纪。由此想象，恐龙也许曾从此花旁边走过去。

染色备忘录 因花美丽，作为庭园树木深受人们喜爱。

秋天，修剪叶、小枝用于染色。用明矾媒染可染得略偏棕的黄棕色，用铁浆媒染可染得日本称为薄海松色的浅灰绿色。二者都是柔美的色彩。白玉兰也可以用于染色。

部位 鲜叶、小枝

采集时间 9 ~ 10 月

使用量 面料重量的 3 倍

染液制作方法 把叶、小枝直接放入热水中，加热沸腾后煮 15 分钟，用细纹布过滤萃取 1 遍液。再以同样方法萃取 2 遍液。

染色方法 浸染，煮染

色彩样本 鲜叶、小枝，煮染，面料重量的 3 倍，使用 1、2 遍液，10 月 17 日操作。

辛夷　4 月上旬

	无媒染	明矾	铁浆
丝			
麻			
棉			
棉（豆浆打底）			

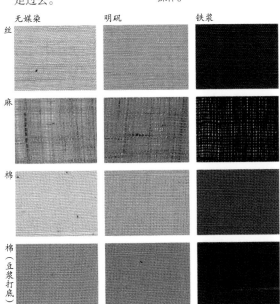

白玉兰　3 月下旬

大花四照花　5 月上旬

大花四照花
山茱萸科

植物备忘录　日本称为花水木。原产于北美洲。它是在东京市赠送美国樱花时，作为回礼由美国赠送日本的。日本樱花一直盛开于华盛顿波托马克河畔。近些年，大花四照花作为日本街边树等被广泛种植。4~5 月，白色和粉红色大花在长出叶子之前绽放。虽然它跟四照花相同，但花瓣（总苞）前端不尖锐，而是像缝紧一样凹陷着。其红果实与庭园树木的桃叶珊瑚一样，颗粒虽大但不能吃。红叶也很美。

染色备忘录　由于作为庭园树木和街边树广泛种植，容易得到落叶用于染色。落叶也染得很好。用铁浆媒染可染得黑棕色。明矾媒染的偏黄浅棕色也很漂亮。

部位　鲜叶、小枝或落叶（可以晒干保存，但变暖易生虫）

采集时间　9~11 月

使用量　与面料重量相同

染液制作方法　把落叶洗净，直接放入热水中，加热沸腾后煮 15 分钟，用细纹布过滤萃取 1 遍液。再以同样方法萃取 2 遍液。

染色方法　浸染，煮染

色彩样本　落叶，煮染，与面料重量相同，使用 1、2 遍液，11 月 15 日操作。

四照花　6 月中旬

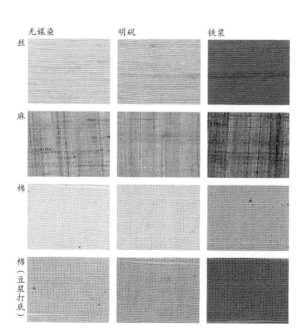

	无媒染	明矾	铁浆
丝			
麻			
棉			
棉（豆浆打底）			

对生。

看到的 4 片白色花瓣是总苞，在其中心位置有小花凝成一团。秋天，带长柄如玻璃球般的果实成熟变红，可食用。

日本山法师之名，来自和尚头上戴着白头巾的联想。由于果实呈颗粒密集状，看上去很像山桑、地藏头。日语"豆美乃木"是古时候果实美丽之意。四照花的木材可用于制作梳子和精细工艺品。

染色备忘录 它与多花狗木相似，但花期晚一个月左右，在长出少量叶子之后开花。

晚秋，修剪叶、小枝用于染色，主要用铁浆媒染，可染得黑棕色。用明矾媒染的偏黄浅棕色也是很美的色彩。

落叶也可以染色，主要用铁浆媒染，染得偏棕的黑棕色。用明矾媒染可染得浅棕色。因栽培的此树矮小，在很少剪枝的情况下，使用落叶染色最合适。它作为街边树种植，落叶很容易收集。

部位 鲜叶、小枝、落叶（可以晒干保存，但变暖易生虫）

采集时间 9～11月

使用量 与面料重量相同

染液制作方法 把落叶洗净放入热水中，加热沸腾后煮15分钟，用细纹布过滤萃取1遍液。再以同样方法萃取2遍液。

染色方法 浸染，煮染

色彩样本 落叶，煮染，与面料重量相同，使用1、2遍液，11月15日操作。

四照花
山茱萸科

植物备忘录 日本称为山法师。它是日本各地山野中常见的落叶乔木。平常混杂在杂树林的绿色中不易被发现，初夏则满枝白花争奇斗艳。

高 3～8m。叶为卵状椭圆形，端头尖锐，边缘是细微波浪形。叶脉很独特，就像一边画曲线一边交汇于前端，非常流畅。叶柄短小，

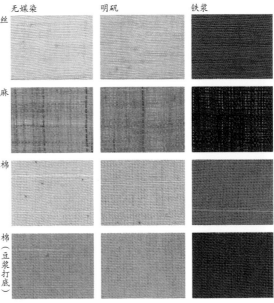

	无媒染	明矾	铁浆
丝			
麻			
棉			
棉（豆浆打底）			

柿　10 月下旬

柿
柿树科

植物备忘录 好像是舶来品，但日本西南部山中有野生种。它是日本风土气候孕育出的果树。种植于家家户户的院前、屋后和田边地头等处，耀眼的橙红果实装饰着日本的秋天。日本"柿"的语源可能来自"红果"转音。世界通用的学名也称 Diospyros Kaki（神的食物，柿）。

它的栽培历史悠久，现在仅代表性的甜柿就有 30 种，涩柿 32 种，品种非常丰富。在日本，即使是小小柿果，也作为儿时记忆中连接故乡的富有个性的品种而得到珍惜。

雌雄同株。数朵小雄花聚在一起，在叶旁各开一朵大雌花。萼 4 裂，壶形花前端也 4 裂。种子通常 8 颗。可从青果中提取柿漆。

染色备忘录 从前，为了增强渔网的韧性而涂抹的柿漆就是从涩柿中提取的。日本用于提取柿漆的涩柿，有果实稍小的"信浓柿"等。

从涩柿中提取的柿漆在市场上销售，用于涂刷日本型染用的"涩纸"，也用于染色。由于涂过柿漆的面料手感发硬，很适合染日本的"和纸"或染麻。

如果不小心吃到涩柿，口中就会充满令人难以忍受的涩味儿。这种涩味儿来自单宁（译者注：英文 Tannins 的音译词汇，又称鞣酸类物质，分为加水分解型单宁和缩合型单宁，广泛存在于植物的根、茎、叶、果实中）。由于含有单宁，即使无媒染也容易染色。无媒染可染得浅棕色面料，随着时间推移，棕色逐渐变深。这是因为单宁在空气中氧化而变为深棕色。对于用植物染色的面料，有些色彩随时间推移棕色感增强，变得更加沉稳，可以认定为是大部分植物中单宁起作用的结果。我真切地感受到，所谓草木染不仅仅是染色，植物特有的个性本身也会通过面料着色而显现出来。

丝绸，用秋天修剪的叶、小枝染色。主要用铁浆媒染，可染得黑棕色。明矾媒染的浅棕色也很美。

部位 鲜叶、小枝

采集时间 10 月

使用量 面料重量的 3 倍

染液制作方法 把叶、小枝直接放入热水中，加热沸腾后煮 15 分钟，用细纹布过滤萃取 1 遍液。再以同样方法萃取 2 遍液。

染色方法 浸染，煮染

色彩样本 鲜叶、小枝，煮染，面料重量的 3 倍，使用 1、2 遍液，10 月 1 日操作。

涩柿　10 月下旬

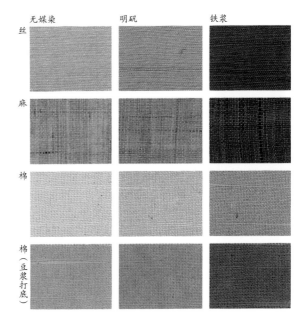

桑　8月下旬

忙碌的身影。如今，养蚕业迅速衰退，而使用草木能染出的最漂亮色彩，还是蚕吐出的丝线。

从夏到秋，修剪叶、小枝用于染色。用明矾媒染可染得略微偏棕的淡黄色，用铁浆媒染可染得日本称为黄海松茶的偏黄灰绿色。

部位　鲜叶、小枝
采集时间　8～10月
使用量　面料重量的3倍
染液制作方法　把叶、小枝直接放入热水中，加热沸腾后煮15分钟，用细纹布过滤萃取1遍液。再以同样方法萃取2遍液。
染色方法　浸染，煮染
色彩样本　鲜叶、小枝，煮染，面料重量的3倍，使用1、2遍液，10月2日操作。

桑
桑科

植物备忘录　日本养蚕兴盛之时，山坡上到处都是桑田。养蚕农家漂浮着的干桑甜味儿，以及放学路上采食桑葚的味道令人怀念。现在，仅剩下桑田的边界和苹果园的围栏了。

桑叶为大紫苏叶形，还有圆缺形，表面发涩，整体感觉粗糙。互生。

4月，淡黄色花聚在一起垂下。果实由绿变红，成熟后变为紫色。甘甜味美。在日本本州西部以南和四国、九州有自生的野桑。伊豆七岛上特产一种"八丈桑"。

染色备忘录　我小时候，盛行养蚕的上州到处都种植桑树。因为不能让蚕吃被雨淋湿的叶子，人们一看到阵雨要来就都急急忙忙采摘桑叶。一看到桑树，眼前就浮现出农民们在桑田

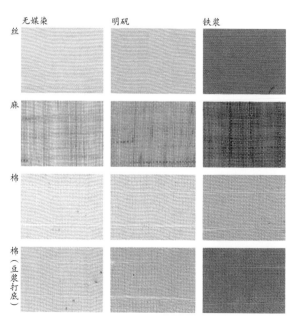

无媒染　　明矾　　铁浆
丝
麻
棉
棉（豆浆打底）

金桂
木犀科

植物备忘录 天高气爽，当清凉的空气中飘来金桂的清香，就深切感知到"秋"。金桂花散落在地上，如洒满金粉一般，使平时不显眼的树木备受关注。

它是原产于中国的小乔木。叶为椭圆形，尖锐，深绿色，革质，互生。雌雄异株。由于日本几乎都是雄树，不结果实。它不耐汽车尾气，沿街道种植则开花不好。

桂花通常指银木犀（银桂），而金木犀（丹桂）和浅黄木犀（金桂）是银桂的变种。

染色备忘录 在修剪叶、小枝时染色。

用铁浆媒染可染得日本称为利久鼠的灰绿色，这是金桂的特征性色彩。树木以铁浆媒染出的灰色大多偏棕或紫，偏绿色的非常稀少。

秋天，欣赏花和享受花香，冬天可用于染色，因此我很想将其作为庭院树木种植。

部位 鲜叶、小枝
采集时间 11～次年3月
使用量 面料重量的3倍
染液制作方法 把叶、小枝直接放入热水中，加热沸腾后煮15分钟，用细纹布过滤萃取1遍液。再以同样方法萃取2遍液。
染色方法 浸染，煮染
色彩样本 鲜叶、小枝，煮染，面料重量的3倍，使用1、2遍液，3月12日操作。

金桂　10月上旬

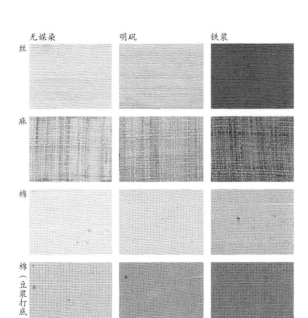

	无媒染	明矾	铁浆
丝			
麻			
棉			
棉（豆浆打底）			

花　9月下旬

紫竹
禾本科

植物备忘录 竹是"米树"一样的禾本科植物。分布于亚洲、非洲、美洲，日本有12属150种左右。通常由地下茎发芽，也就是说竹笋会增加，几年一次，某些种类同时开花结果，有干枯性质。

紫竹与毛竹一样，都是以竹笋闻名的淡竹变种之一。据说它原产于中国，在干和枝上生出黑斑，不久整个变黑。在日本经常种植在茶室旁边，用于加工制作笔杆儿和挂轴芯等。

染色备忘录 晚秋至冬，修剪叶、小枝用于染色。用铁浆媒染可染得偏灰绿的棕色。日本称为利休茶，素朴而雅致。这是与日本人特有的感性相契合的色彩。

紫竹　11月中旬

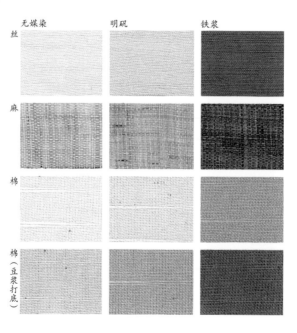

无媒染　明矾　铁浆

丝
麻
棉
棉（豆浆打底）

部位 鲜叶、小枝

采集时间 11～次年2月

使用量 面料重量的3倍

染液制作方法 把叶、小枝直接放入热水中，加热沸腾后煮15分钟，用细纹布过滤萃取1遍液。再以同样方法萃取2遍液。

染色方法 浸染，煮染

色彩样本 鲜叶、小枝，煮染，面料重量的3倍，使用1、2遍液，2月1日操作。

具柄冬青
冬青科

植物备忘录 生长于日本的本州中部（长野县、山梨县）以西和四国、九州山地的常绿乔木。高度一般为5～10m，有时可达15m。雌雄异株。叶为卵状椭圆形，互生，先端尖锐，革质有光泽。边缘光滑无锯齿。

6月前后，开白色小花，4瓣，直径4mm左右。雄花成群，雌花1～3朵附于叶腋下。花虽不显眼，但秋天直径7～8mm的滚圆红果长柄垂下，在深绿色叶子间隐约可见，非常美丽。

其名称的由来，是因其硬叶随风沙沙作响（译者注："冬青"的日语读音与"沙沙作响"相同）。如果把叶子放入火中，因水蒸气表皮会膨胀鼓起，故此还得名"膨叶"。

具柄冬青　10月上旬

从前，剥下灰褐色树皮浸水，锤捣做粘鸟胶。

染色备忘录 晚秋至冬，用叶、小枝染色，用明矾媒染从柿色染成日本称为赤桦色的红棕色。用铁浆媒染可染得偏红的紫褐色。如果把染液放置一周左右再染色，能够染出更偏红的色彩。冬天染液不易变质，每隔3～4天加温至沸，可以长时间保存。

放置1～3天后染色时，使用2～4遍液。若使用1遍液，最好放置一周以上再使用。如果用萃取的1遍液马上染色，因偏于棕色，只能染出浑浊的色彩。

我曾经把1遍液放置3个月染色，用明矾媒染得偏黄红棕色的赤桦色。这也许是温度和保存状态等条件下的偶然效果。并不是说放得越久色彩就越好。大致两周时间比较好吧。

部位 鲜叶、小枝
采集时间 11～次年1月
使用量 面料重量的3倍
染液制作方法 把叶、小枝直接放入热水中，加热沸腾后煮15分钟，用细纹布过滤萃取1遍液。再以同样方法萃取至4遍液。
染色方法 浸染，煮染
色彩样本 鲜叶、小枝，煮染，面料重量的3倍，使用放置一夜的2～4遍液，11月20日操作。

雄花　6月上旬

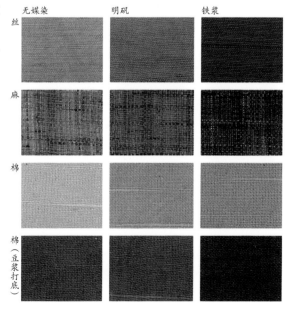

	无媒染	明矾	铁浆
丝			
麻			
棉			
棉（豆浆打底）			

糙叶树　11月上旬

糙叶树
榆科

植物备忘录 日本称为椋木。生长于山地，为多种植在村庄里的落叶乔木。高 30m，树干直径有时达 4m，分枝多，浓荫密布。

叶为卵形或狭卵形，长度 4～10cm，先端尖锐，边缘有锐利锯齿。质地轻薄，表面粗糙发涩。雌雄同株。

春天，与嫩叶一起开出淡绿色小花。结圆果，直径 1.2cm 左右。果实成熟变为蓝黑色，甘甜可口，孩子们非常喜欢吃。叽叽喳喳叫个不停的白头翁（椋鸟），因喜食该果成群而至，故此日本起了"椋木"这个直截了当的名字。

粗糙的叶子，作为比木贼肌理还细腻的研磨材料而闻名，用来完成象牙、鹿角和木制品等精巧工艺品的精细打磨。

染色备忘录 糙叶树是在日本神社和寺院等处能够看见的大树，它与樟树、榉树等都是神社种植的代表性树木。夏天烈日炎炎，在树荫下小憩，清爽宜人。

或许白头翁鸟带来了种子，我家院子里自然生长出一棵糙叶树，树干直径已长至 20cm 左右。

秋天，使用叶、小枝染色，用明矾媒染可从浅棕偏红的肉红色变为日本称为桦色的红棕色。

部位 鲜叶、小枝

采集时间 9～10 月

使用量 面料重量的 3～5 倍

染液制作方法 把叶、小枝直接放入热水中，加热沸腾后煮 15 分钟，用细纹布过滤萃取 1 遍液。再以同样方法萃取 2 遍液。

染色方法 浸染，煮染

色彩样本 鲜叶、小枝，煮染，面料重量的 3 倍，使用 1、2 遍液，10 月 1 日操作。

果实　10月中旬

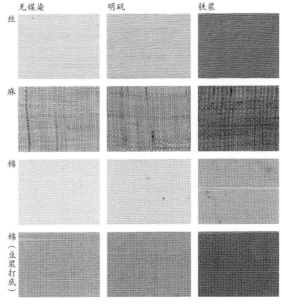

樟树 4月中旬

	部位 鲜叶、小枝	方法萃取2遍液。

部位 鲜叶、小枝
采集时间 11～次年2月
使用量 面料重量的3倍
染液制作方法 把叶、小枝直接放入热水中，加热沸腾后煮15分钟，用细纹布过滤萃取1遍液。再以同样

方法萃取2遍液。
染色方法 浸染，煮染
色彩样本 鲜叶、小枝，煮染，面料重量的3倍，使用1、2遍液，2月15日操作。

花 5月上旬

樟树
樟科

植物备忘录 代表性常绿乔木。在温暖地区的山野中自生，种植于日本各地，漂亮的圆顶形树冠非常茂盛。因其能长成参天大树，多作为寺院、神社的神树种植，又因其耐尾气程度高，还被当作街边树种植，因而见到它的机会很多。

叶为卵形，长5~6cm，没有锯齿，先端尖锐，带长柄。叶面光滑，清晰的3条叶脉非常明显，叶片一破损就散发出樟脑的香味儿。

6月，淡黄色碎花散落，豆粒大小的果实变黑而成熟。

煎煮树干、根和叶，熬干密封起来，樟脑就会像霜一样析出。在科学合成出萘球等之前，它是唯一的防虫剂，备受珍视。

它还是绿条纹蝴蝶的食物。

染色备忘录 樟树作为皮肤外用药使用。由于叶、茎中含有药用成分，据说可以用来制作沐浴液。也许是由于这个原因，染色时弥漫的香气，令人神清气爽。

除此，在染色过程中能够享受香味儿的还有丁香、肉桂等。

用明矾媒染可染得偏红的浅棕色。

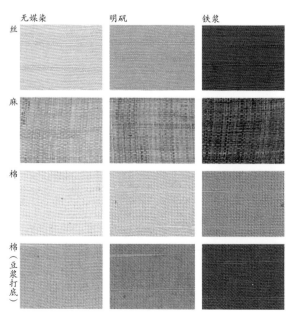

	无媒染	明矾	铁浆
丝			
麻			
棉			
棉（豆浆打底）			

猪脚楠
樟科

植物备忘录 野生于温暖沿海地带的常绿乔木。高度达 30m，树干直径也可达 3.5m。常种植于公园。

叶片厚，革质，有光泽，长 8 ~ 15cm，为前后缩小的椭圆形，先端略显尖刺。叶子集中于树枝前部。初夏，淡黄绿色花呈穗状绽放枝头，直径约 1cm 的圆果在夏日成熟变为黑紫色。柄红色，非常漂亮。木材用于制作家具和雕刻。

从前，人们将猪脚楠树叶和树皮的粉称为梻粉，是加工线香的凝固剂。还可以从削下的木屑里提取理发用的发胶液。

染色备忘录 晚秋，修剪叶、小枝用于染色。用明矾媒染可染得偏棕的粉红色。它与其他植物不同，即使不将染液放置一夜，所染色

花 5月上旬

猪脚楠 5月下旬

彩也发红。用铁浆媒染可染得日本称为紫鸢的偏紫棕褐色。

它是染制日本"黄八丈"织物中鸢色（译者注：当地也称为桦色，一种发红的深棕色）的染料，在八丈岛（译者注：日本伊豆七岛中最南端的一个岛屿，距东京约 300公里，面积近 70平方公里）用草木灰水媒染后染得鸢色。

部位 鲜叶、小枝
采集时间 10 ~ 12月
使用量 面料重量的 3 ~ 5倍

染液制作方法 把叶、小枝直接放入热水中，加热沸腾后煮 15 分钟，用细纹布过滤萃取 1 遍液。再以同样方法萃取 2 遍液。

染色方法 浸染，煮染
色彩样本 鲜叶、小枝，煮染，面料重量的 5 倍，使用 1、2 遍液，10 月 17 日操作。

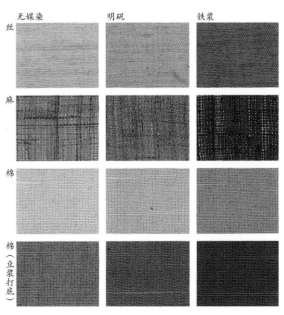

无媒染　明矾　铁浆
丝
麻
棉
棉（豆浆打底）

钓樟　5月下旬

<table>
<tr><td></td><td>部位</td><td>鲜叶、小枝</td></tr>
</table>

部位　鲜叶、小枝

采集时间　6～10月

使用量　面料重量的3倍

染液制作方法　把叶、小枝直接放入热水中，加热沸腾后煮15分钟，用细纹布过滤萃取1遍液。再以同样方法萃取2遍液。

染色方法　浸染，煮染

色彩样本　鲜叶、小枝，煮染，面料重量的3倍，使用1、2遍液，6月14日操作。

钓樟
樟科

植物备忘录　日本称为黑文字，是山野中常见的落叶灌木。高2～3m，枝繁叶茂。

春天，在枝头展开透明的嫩叶，黄绿色小花集中在其根部开放。一折断小枝就散发出清香。叶为两端尖的狭窄椭圆形，有柄。日本把其绿色树皮上的黑色斑点比作文字，故此得名"黑文字"。因用其削制牙签，所以它也成了牙签的代名词。雌雄异株。

染色备忘录　大部分树木，如果不使用盂兰盆节过后修剪的叶、小枝染色，就染不出红棕系的色彩。但是，钓樟即使在6月中旬，用明矾媒染也能染出偏红的肉色。这种色彩在别的树木中很少见。用铁浆媒染是紫褐色。

由于叶、小枝中含精油，能用其制作香水、香料。

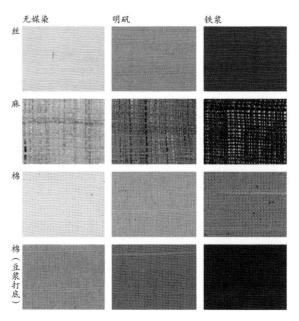

枫叶
槭树科

植物备忘录 日本代表性的秋天落叶树。日本汉字"红叶"，也是黄栌红叶、草红叶等秋天美丽色彩的代名词。狭义上"红叶"专指枫树叶，以此区别。在北半球的温带分布约200种，其中日本野生约30种。还有很多装饰庭园的园艺品种。

不管是山野还是庭园，最常见的是"伊吕波枫"。它的叶子如婴儿张开的手掌，直径4～7cm。深裂为5～7的奇数。在日本有种传说，如果边从一端指着边收起"手状枫叶"，字就会写得漂亮（此说法指深裂为偶数，所以很难找到）。

其在长出嫩叶的同时开出红色小花，结出带螺旋桨状翅膀的果实。

染色备忘录 由于经常作为庭园树木种植，是容易得到的染料。观赏红叶后，用落叶染色。用铁浆媒染可染得紫褐色。

所谓红叶，是由叶绿素分解和生成花青素带来的色彩变化。这个名为花青素的色素不耐热，在煎煮过程中就变

为棕色。这正是漂亮红叶一落很快就变灰暗的原因。即使稍微残留些淡淡的红色，也非常柔弱，很快就会褪色。因此，它和鲜花染一样，很遗憾不能把红叶的色彩原样染出来。

伊吕波枫　12月上旬

果实　6月上旬

部位 落叶
采集时间 11月
使用量 与面料重量相同
染液制作方法 把落叶洗净，放入热水中，加热沸腾后煮15分钟，用细纹布过滤萃取1遍液。再以同样方法萃取2遍液。
染色方法 浸染，煮染
色彩样本 落叶，煮染，与面料重量相同，使用1、2遍液，12月11日操作。

	无媒染	明矾	铁浆
丝			
麻			
棉			
棉（豆浆打底）			

家庭栽培

在院前和阳台培育染料植物

采叶时的蓼蓝田　9月中旬

<table>
<tr><td>蓝
蓼科</td></tr>
</table>

植物备忘录　据说原产于中南半岛，是在飞鸟时代传入日本的一年生草本植物。也被称为蓼蓝。

形态似马蓼，略微纤细，高50～60cm。茎光滑，紫红色，干后变为发黑的蓝色。在日本德岛县大量栽培，用其制成的"阿波蓝"非常有名。

蓼蓝　10月上旬

所谓蓝，是可以萃取蓝色染料的植物总称。在蓼蓝传入之前，常使用山蓝。印度蓝（豆科马棘的同类）也是蓝的一种。然而，日本原有的山蓝（大戟科），不含有蓝（靛蓝）成分。

染色备忘录　作为栽培蓝的染色方法，有一种"生蓝染"。顾名思义，它需要新鲜的蓝叶，如果栽培就可以很容易染色。

3月上旬至月底，将种子撒于苗床，长至约25cm，移植到充分施有机肥的向阳田地。

4～5棵为一株，深植培土至苗高的一半左右，每日充足浇水。

从7月下旬到9月，摘取顶端的叶或从距离根部20cm左右的地方收割，把叶和茎分开染色。

生蓝染的快乐，来自收获精心栽培的蓝草，在其染色过程中能够体验到无以言表的成就感。如夏日蓝天上映出的蓝色，让人感到凉爽，仿佛暑气顿消。这种色彩日本称为浅葱色。

丝绸能染出鲜艳蓝色，但棉、麻染色效果不太好。

部位　鲜叶

采集时间　7～9月

使用量　面料重量的3倍

染液制作方法　把1L水和约50g鲜叶放入搅拌器，搅拌1分钟，用细纹布过滤，立即浸入经过前处理的面料。

染色方法　浸染

色彩样本　鲜叶，浸染，面料重量的3倍，9月10日操作。

无媒染

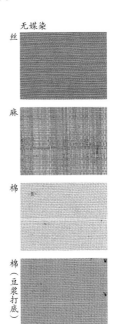

丝

麻

棉

棉（豆浆打底）

蕺菜
三白草科

植物备忘录 日本称为蕺草，簇生于家宅背阴处的潮湿地带，非常普通。即使在满是混凝土的都市一隅，也能伸出粗壮的白色地下茎，不断蔓延开来。

其紫色显得毒辣，整个植物都有强烈的臭味儿，似乎很适合这个可怕的日语名字（译者注：日语"蕺"与"毒"发音相同），但它其实没有毒，而且作为草药的评价很高。关于日语名来自矫正毒性的"毒矫"转音说，很有说服力。

初夏，白色4瓣花成群绽放。如果仔细观察会发现，其娇嫩的十字形花朵和心形叶子都是优美流畅的艺术设计作品。如果香味儿清幽，它在花店出售也不足为奇。

白色部分是苞，正中间是花穗。其花朵很小，为淡黄色，没有花瓣。它的地下茎和叶子都是民间广为利用的草药。

染色备忘录 因为它生命力强，无论在何处都能生长，是容易采集的植物。如果将其种植于背阴潮湿处，每年都

蕺菜　7月上旬

会长出来。6月前后，梅雨天映照着它绽放出的白色花朵。

在刚开始开花的时候，从根部收割，晾干为茶或药用。据说煮了以后代替茶饮用，可以

预防尿道炎、高血压。

使用鲜蕺菜染色。用铁浆媒染可染得偏棕绿的灰色。蕺菜有特殊的臭味儿，但遇高温可迅速分解，煮染液时不发臭。

部位 鲜叶、茎

采集时间 6月

使用量 与面料重量相同

染液制作方法 把叶、茎放入热水中，加热沸腾后煮15分钟，用细纹布过滤萃取1遍液。再以同样方法萃取2遍液。

染色方法 浸染，煮染

色彩样本 鲜叶、茎，煮染，与面料重量相同，使用1、2遍液，6月11日操作。

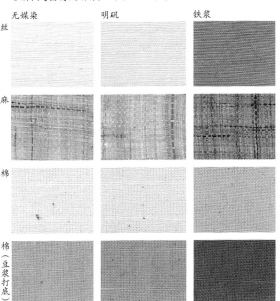

法国式万寿菊　6 月上旬

万寿菊
菊科

植物备忘录　原产于墨西哥的一年生草本植物。其改良品种名称被冠以国名等，有法国式、美国式、非洲式 3 个系统。其中，非洲式于宝永年间（1704—1710 年），以"千寿菊"之名在日本栽培。

细枝分开绽放花朵，看上去好似遍地是花，鲜艳的黄色、橙色、棕色等花朵映现于边缘有锯齿的深绿色叶子上，它是秋天毛毡花坛中不可缺少的花草。

它具有土壤改良的特殊用途，其效果值得期待。

据说从这种花根部分泌出的物质，能够驱除栖息在土中或寄生于植物根部导致根瘤的线虫。

染色备忘录　春天，在园艺店购买幼苗，移植于田地或花盆中。

它的花期长，接连陆续地开花。充分欣赏之后，采花染色。

花量不足时，可以陆续冷冻收集，积攒到能够染色的数量。在冰箱冷冻保存，可以随时用于染色。这种花对于没有打底的棉，也能很好地染色。

部位　花

采集时间　6～10 月

使用量　面料重量的一半至同量

染液制作方法　把花直接放入热水中，加热沸腾后煮 15 分钟，用细纹布过滤萃取 1 遍液。再以同样方法萃取 2 遍液。

染色方法　浸染，煮染

色彩样本　冷冻的花，煮染，与面料重量相同，使用 1、2 遍液，12 月 5 日操作。

非洲式万寿菊　8 月下旬

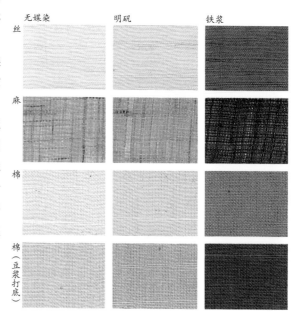

茼蒿　5月上旬

茼蒿
菊科

植物备忘录　日本称为春菊。从冬到早春，作为火锅的配料不可缺少，因而也称为菊菜。它本来是地中海沿岸的两年生草本植物，如果不作为蔬菜及时收割，很快就会长高开花。叶互生，边缘有细而深的锯齿，没有柄，基部抱茎。

花有黄色或白色，花心为一层黄色菊花，直径3cm。它像花店经常出售的雏菊一样可爱。当然，茼蒿是雏菊的近亲植物，因茎木质化，在日本还有"木茼蒿"的名称。茼蒿在春天摘嫩芽食用，故而得名春菊。

染色备忘录　在自家菜园种植的茼蒿没吃完，如果开花了就用花染色吧。在冰箱冷冻保存，随时可以用于染色。花对于没有打底的棉，也染色效果好。

部位　花
采集时间　5~10月
使用量　面料重量的同量至2倍
染液制作方法　把花直接放入热水中，加热沸腾后煮15分钟，用细纹布过滤萃取1遍液。再以同样方法萃取2遍液。
染色方法　浸染，煮染
色彩样本　鲜花，煮染，面料重量的2倍，使用1、2遍液，6月26日操作。

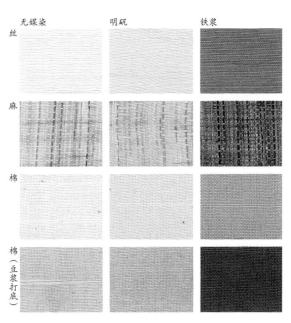

	无媒染	明矾	铁浆
丝			
麻			
棉			
棉（豆浆打底）			

荩草　10月上旬

荩草
禾本科

植物备忘录　日本称为小鲋草。簇生在杂树林边缘、田埂、田边和空地等稍微开阔的地方，其实是一种杂草。因为它在地上爬生，直立部分最高也就到膝盖。

秋天，吐出小巧玲珑的像芒草那样的花穗。5～10根组成一束，长度3cm左右，紫色。柔软的叶子互生，宽竹叶形。先端尖锐，基部是心形，抱茎。叶子两面无毛，但叶鞘上长着粗毛。作为禾本科植物，日本"小鲋草"之名来自将其短小叶形比作小鲋鱼（译者注：即小鲫鱼）。

八丈岛的"黄八丈"织物用荩草染色。在该岛将其称为八丈青茅，与黄色染料青茅混为一谈。

染色备忘录　自古使用的染料，用于染"黄八丈"织物的黄色。也称为八丈青茅。

荩草是一年生草本植物，3月上旬如果在向阳地方播种，则长势良好。9～10月露出可爱的白穗，10～11月结出胭脂色种子。因为它种子产量多，最适合作为染料植物栽培。

为了呈现美丽的黄色，在花穗长出之前收割立即染色。此时收割后把叶、茎晾干，随时可以用于染黄色。时令一过，就会变为偏棕绿色的黄色。另外，采种时，用开始枯萎的叶、茎染色，能够染出偏金棕色的黄色。此两种色彩也很美。

在八丈岛把线浸入染液，晒干。经过多次重复染色之后，把线浸入山茶灰水中，线立刻变为鲜艳的黄色。整个过程中缓慢染线，使用天然媒染剂。古代流传下来的这个染色方法，可以说是最理想的吧。

部位　鲜或干叶、茎

采集时间　8～9月

使用量　面料重量的同量至2倍

染液制作方法　把叶、茎直接放入热水中，加热沸腾后煮15分钟，用细纹布过滤萃取1遍液。再以同样方法萃取2遍液。

染色方法　浸染，煮染

色彩样本　鲜叶、茎，煮染，面料重量的2倍，使用1、2遍液，9月19日操作。

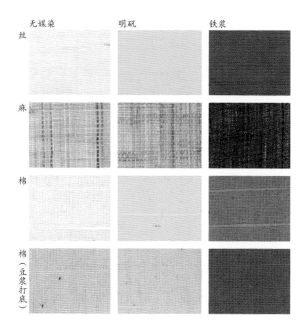

	无媒染	明矾	铁浆
丝			
麻			
棉			
棉（豆浆打底）			

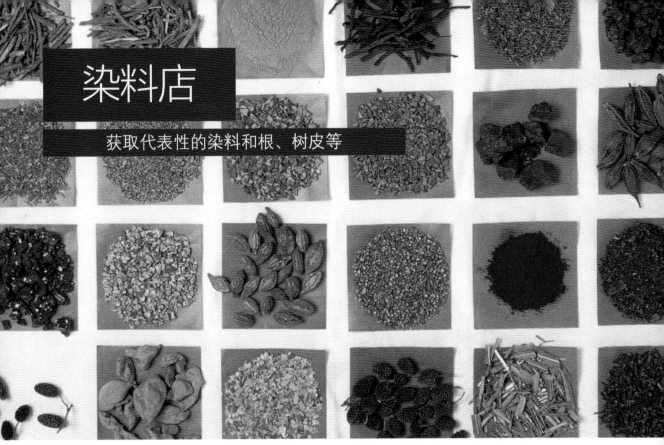

染鲜艳色彩的 23 种染料

蓝染料（靛土）
干叶堆积发酵

染色备忘录 日本将用干叶堆积发酵法制作的蓝染料称为"蒅"（译者注：日本汉字）。把蓼蓝鲜叶晾干，经发酵而成的物品就是靛土。将这种靛土在染缸中发酵进行染色的方法，称为蓝染的"发酵建蓝法"。

靛土

靛土是日本通过被称为"蓝师"的人们制作的，他们拥有长年积累的丰富经验，技术高超。日本德岛县是靛土主要的生产地。

将靛土发酵建蓝，经过反复染色，可以把丝、棉、麻从浅蓝色染成深蓝色。

染一种色彩很漂亮，通过重复染色染出三四种有深浅变化的条纹图案也很漂亮。

用蓝染料染出的代表性颜色，由浅至深依次排列有：浅蓝色、水色、浅葱、浅缥、缥、绀等。对不同蓝色的分别命名，反映出古人拥有非常细腻的感性特征。

部位 靛土（叶）

使用量 水量的 5% ~ 10%

染液制作方法 气温 25℃以上的 6 月中旬过后，在容量约 40L 的缸或塑料桶内加入靛土 2 ~ 4kg、草木灰 0.7 ~ 2kg（根据草木灰碱性高低调整数量）、沸腾后的热水 40L，每日充分搅拌。3、4 天后，液面变为红紫色（蓝红），有蓝染料的独特气味。7 ~ 10 天后，液面如果开始冒出紫色大气泡（蓝花），就可以染色了。

使用草木灰，比较容易建蓝。

染色方法 浸染

色彩样本 浸染，水量的 5%（水 40L，靛土 3kg，栎木灰 1kg），7 月 9 日操作。

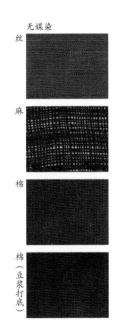

无媒染

丝

麻

棉

棉（豆浆打底）

红花
菊科

植物备忘录 有红、吴蓝、末摘花等古名。"末摘花"是首见于日本《源氏物语》的美丽名字。

据说红花是原产于埃及的两年生草本植物。经中国传入日本。在长高到1m左右的夏季开花。它看上去像满是锐刺的黄色蓟菜花，凋谢变为红色。

红花自古是日本出羽国（山形县）的特产，在《延喜式》中也能见到其名。最上川的川雾弥漫，趁晨露未干之时采花，制作染料红花饼。花凋谢后的冠毛是褐色。

从红花种子中榨取的油脂是高级食用油，称为红花油。红花的嫩叶可制作沙拉食用。鲜花和干花都非常受欢迎。

染色备忘录 红花的花瓣中含有黄色素和红色素。黄色素溶于水，红色素溶于碱水。自古人们利用其不同性质，把黄色和红色分离，从而染出美丽的红色。

黄色素用普通方法染色。用明矾媒染可染得稍微偏棕的黄色，用铁浆媒染可染得偏棕的黄绿色。棉、麻不太容易染色。

红色素用丝绸可染出偏黄的红色，用棉、麻可从不偏黄的粉红色染成日本称为"韩红花"色的深红色。

要把丝绸从粉红色染成深红色，需要先用红色素染棉（红棉布）。然后，把该棉布浸入草木灰水或碳酸钾等碱水中，再次溶解提取红色素染制丝绸，染出的色彩纯正，基本不发黄。

部位 花瓣

使用量 面料重量的3倍

染液制作方法 把花浸泡在水中，首先萃取黄色素。把去除黄色的花用水洗，在草木灰水或碳酸钾等碱水中充分搅拌，浸泡2小

红花的花

时。揉搓挤压花瓣，萃取红色素。

染色方法 煮染（黄），浸染（参见第125页"红花染"）

色彩样本 黄色：煮染，面料重量的3倍；红色：浸染，面料重量的3倍。12月3日操作。

花瓣

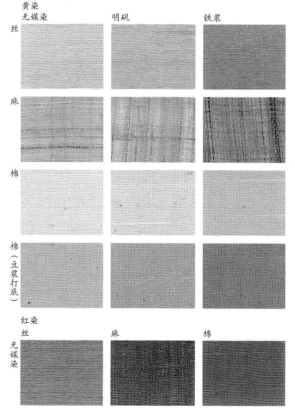

黄染		
无媒染	明矾	铁浆

丝 / 麻 / 棉 / 棉（豆浆打底）

红染		
丝	麻	棉

无媒染

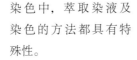

紫草
紫草科

植物备忘录 这类植物，大多像庭院中的勿忘草和原野上的梓木草那样，绽放美丽的蓝花。紫草作为该科植物的代表品种，应该非常华丽吧？事实恰恰相反，它出乎意料的质朴。紫草将高贵的紫色深藏于地下，无法窥视，真可谓是优雅深奥之草。

紫草是广泛分布于日本和中国黑龙江地区的多年生草本植物。以前，日本关东周边地区也有野生种，以致成为《武藏野》的"枕词"，但由于长时间采集，早已消失殆尽。现在，只能见到人工栽培的紫草。

其茎直立，高30～60cm。叶子及植株全身生有长粗毛。根紫色，粗大，有分叉。花期是6～7月，开出直径4mm左右的小白花，被绿色苞叶掩盖着。

染色备忘录 在紫草染色中，萃取染液及染色的方法都具有特殊性。

把紫草根（紫根）作为染料使用。根表皮中含有很多色素，因为加热到70℃以上时，色素会产生变化，所以不能用煎煮法萃取色素。

紫根用明矾媒染，可染得偏红的紫色。使用天然媒染剂山茶灰，能够染出非常漂亮的深紫色。我为了得到这种紫色，每年都焚烧山茶叶，获取山茶灰，从未间断过。

使用紫根染色，最为重要的前提是得到优质紫根。如果是陈旧紫根，只能染出偏灰的紫色。最好选择像小树枝那样硬，表面好似附着红色素粉末的紫根。

紫根不耐晒，要阴干。因为气温一高紫根色素就发生变化，释放出讨厌的臭味儿，所以它适宜在寒冬季节染色。如果在高温环境染色，染出的色彩是日本称为灭紫的灰暗紫色。

紫草　7月上旬

部位 紫根

使用量 面料重量的3～5倍

染液制作方法 在1L热水中倒入5mL食醋。然后一边一点点地倒入紫根，一边像洗芋头那样用手搓紫根表皮，揉出染液。由于紫根色素溶解速度慢，需要反复萃取，可以萃取至6～8遍液。

染色方法 浸染（山茶灰水先媒染，浸染，再重复媒染与浸染）

色彩样本 紫根，浸染，面料重量的3倍，使用1～6遍液，12月10日操作。

根　7月上旬

紫根

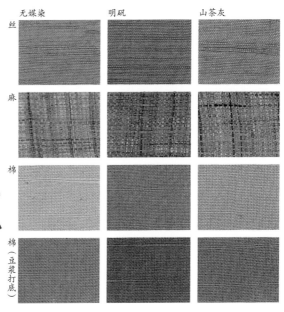

姜黄 9月中旬

| 姜黄 |
| 姜科 |

植物备忘录 日本称为郁金，是原产于亚洲热带中南半岛的一种药用植物。目前，在中国、印度、斯里兰卡等地都有栽培。整株植物构造基本与生姜一样。

它长着美人蕉般的大叶子，花穗直接从根部的地面长出来。不久，从裂开的发白苞片间开出奶油色花。学名

Curcuma longa L.，英文名 Turmeric。

最近，看到色彩深红、茎部变长的同类植物在花店出售。其红色部分是苞叶，不容易枯萎，花也有些不一样。

姜黄的根是黄色染料，也可入药。咖喱粉的黄色主要来自姜黄，祖母时代包裹和服的"姜黄棉"，也是用姜黄染成的。姜黄有杀菌、防虫的功效，这已在科学上得到证实。它还可以作为利胆药、收敛剂使用。

染色备忘录 姜黄染的棉布称为"姜黄棉"，因有防虫效果，用其包裹书画、衣服等能够起到很好的保护作用。

使用姜黄根磨成粉末。姜黄（Turmeric）也被作为咖喱原料的香辣调味料销售。

虽然人工栽培的姜黄也能染色，但色彩较浅，不能染出深姜黄色。

印度等南方国家栽培的姜黄，由于其自然气候与土壤的不同，也许能够染得更深。

因为用姜黄染的色彩非常不耐晒，会迅速褪色，所以需要在室内阴干，避免直晒。此外，还要注意间接光线的影响。

部位 根（粉末）

使用量 与面料重量相同

染液制作方法 把姜黄粉放入热水中，加热沸腾后煮15分钟，不过滤直接放入面料染色。

染色方法 浸染，煮染

色彩样本 根（粉末），煮染，与面料重量相同，使用1遍液，6月6日操作。

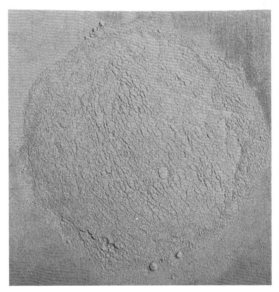

根的粉末

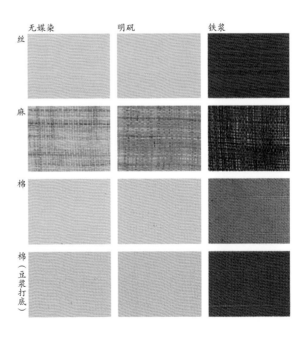

照片上是日本产的茜草　9月上旬

西洋茜
茜草科

植物备忘录　晚霞天空茜云中的秋日红色……引发遥远岁月的乡愁茜色，当然是用茜根汁液染出的色彩。茜色自古以来就是珍贵红色系列中的一种色彩。

日本产茜草是带四棱茎的蔓草，其黑桃形叶子带长柄，分别以4片为一组，轮生。稀疏花穗上绽放着5瓣黄绿色小花。叶片反面有粗涩倒刺，在山地和原野上都可以轻易看到。

西洋茜（六叶茜）的叶子上完全没有柄，在茎上直接轮生，其形态好似猪殃殃草。虽说是6叶，其实由4片正式叶和2片托叶组成，4的基本数没有变化。花是淡黄色，5瓣。

它原产于南欧、西亚。虽然为栽培品种，但有时亦有野生化。

染色备忘录　在西欧自古用于染色。也称为六叶茜。

与印度茜相比，西洋茜能够染出不偏黄的茜色。

由于根上沾着土，需要充分清洗后煮染液。如果不洗根就萃取色素用于染色，所染色彩灰暗污浊。也有将其磨成粉末的，不过，若用煮的方法，还是购买有多种色彩变化的茜根比较好。

茜草的1遍液中含有大量易溶于水的黄棕色和棕色成分，因而可用难于吸收这些成分的棉、麻染色，丝绸用2遍液之后的染液染色。如果用1遍液染丝绸，就会因吸收棕色变为含

西洋茜的根

蓄的质朴色彩。

与没有加入食醋相比，用加入食醋的热水煮茜草，染出的色彩更红，因而2遍液以后用加入食醋的热水煮出染液。

如果一边把根捣碎一边煮，可以萃取到10遍液左右。虽然逐渐变淡，但色彩澄净。

用山茶灰水、明矾媒染，可从茜色染成深红的绯色。用铁浆媒染的偏灰紫色也很美。

部位 根

使用量 面料重量的同量至2倍

染液制作方法 为了充分洗去泥土，把根在热水中浸泡15分钟再煮染液。把根放入热水中，加热沸腾后煮15分钟，用细纹布过滤萃取1遍液。萃取2遍液以后，在1L热水加入5mL食醋，再萃取染液。

染色方法 浸染，煮染（加入食醋的染液变为弱酸性，易于染色，但不容易染匀。重要的是把最初染液的温度降低，且染色时不断移动面料或线）

色彩样本 根，煮染，与面料重量相同，使用2、3遍液，11月5日操作。

印度茜
茜草科

染色备忘录 印度茜是指在染料店出售的印度产茜草。

其染色方法、特征与西洋茜相同，但印度茜染得更深，色彩偏黄。

用山茶灰水、明矾媒染可染得深红的绯色。铁浆媒染的紫褐色也是易于使用的色彩。没有打底的棉布染色效果也很好，但豆浆打底后染得更深。与西洋茜一样，购买茜根比较好。

部位 根

使用量 与面料重量相同

染液制作方法 为了充分洗去泥土，把根在热水中浸泡15分钟再煮染液。把根放入热水中，加热沸腾后煮15分钟，用细纹布过滤萃取1遍液。萃取2遍液以后，在1L热水加入5mL食醋，再萃取染液。

染色方法 浸染，煮染

色彩样本 根，煮染，与面料重量相同，使用2、3遍液，11月15日操作。

印度茜的根

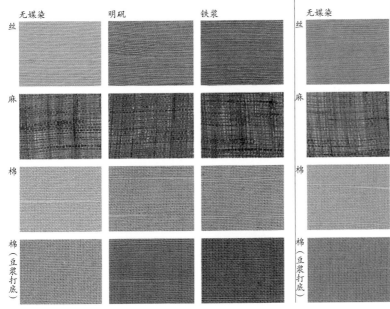

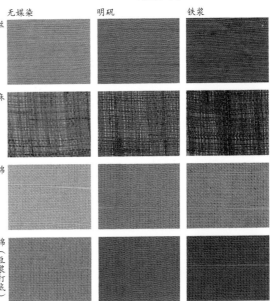

	无媒染	明矾	铁浆
丝			
麻			
棉			
棉（豆浆打底）			

栀子花　6月下旬

果实　12月中旬

栀子
茜草科

植物备忘录　它是以清幽香味儿衬托阴郁雨季的梅雨精灵。经常种植于院落和墙根，虽然其形态给人以强烈的外来植物印象，但它的确是日本温暖地区野生的常绿灌木。

花纯白端正，6瓣，衬托着立在中心的黄芯。接连不断地开花，从边上开始变黄而枯萎，随后结出有6条纵纹的倒卵形果实。其果实成熟变为橙色，当中有很多种子。显著特征是，在果实上还留有细长的6片花萼。

干燥果实作为黄色染料使用。在日本用其给新年料理"金团"和"甘露煮"的栗子、慈姑上色，因而广为人知。

染色备忘录　使用栀子果实染色。因为鲜果实染出的色彩最漂亮，采摘后需马上染色，如果在冰箱冷冻保存，可以随时用于染色。在染料店购入时，尽可能选择发红的果实。

用明矾媒染可染得偏红的黄色，非常漂亮，称为栀子色。栀子即使不进行媒染也染得很好。与明矾媒染相比，无媒染的色彩更加亮丽。不过，由于容易褪色，其实用价值不太高。

用栀子染后再用红花叠染，能够染出像太阳一样的橙色，日本称为黄丹色。

部位　鲜或干果实
使用量　面料重量的一半至同量

染液制作方法　把果实直接放入热水中，加热沸腾后煮15分钟，用细纹布过滤萃取1遍液。把果实捣碎，以同样方法可以萃取至4遍液。

染色方法　浸染，煮染
色彩样本　干果实，煮染，与面料重量相同，使用1、2遍液，2月20日操作。

果实

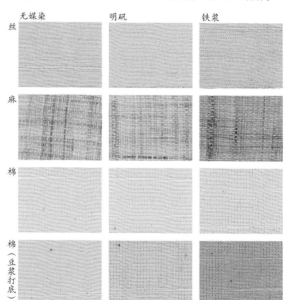

	无媒染	明矾	铁浆
丝			
麻			
棉			
棉（豆浆打底）			

黑儿茶（阿仙药）
茜草科

植物备忘录 它是原产于马来半岛，分布于东印度一带的藤本灌木。其嫩茎像茜草一样有4棱。叶为卵形，先端尖锐，短柄，对生。小枝变化的钩子很独特，用于钩挂在别的树上而攀爬。学名 Uncaria，意即"拐弯、成为勾手"。它的小花汇集成球状。

江户时代输入的药材"阿仙药"，是煎煮其嫩枝、叶浓缩而成。主要成分是儿茶素，用作收敛药和染料等。据说在日本温暖地区野生的同属植物钩藤，也是收敛药。

染色备忘录 摘取叶、嫩枝，水煮制成水溶性浸膏精，在阳光下晒干，或通过真空蒸发使之干燥，称为"阿仙药"或"黑儿茶"。它除了是收敛药，还是制作清凉剂的原料。在东南亚一带，当地民族把阿仙药和石灰放入水搅拌，与槟榔果一起用蒌叶的叶子包住，当作口香糖一样的嗜好品咀嚼。

在染料店销售的阿仙药，有黑儿茶浸膏精或儿茶（阿拉伯儿茶）。

用明矾媒染可染得偏黄的棕色，用铁浆媒染可染得黑棕色。由于用明矾媒染的色素发黄，故此无媒染的棕色显得更深。

阿仙药可以制作浓染液，也经常用于型染工艺等。

部位 黑儿茶
使用量 面料重量的20%
染液制作方法 将黑儿茶包入报纸用锤子砸，尽可能砸碎。把碎渣放入热水中，加热沸腾后，用长筷子一边搅拌，一边煮5～10分钟直到溶化。用细纹布过滤萃取1遍液。
染色方法 浸染，煮染
色彩样本 黑儿茶，煮染，面料重量的20%，使用1遍液，11月28日操作。

儿茶树　3月下旬

黑儿茶树

黑儿茶

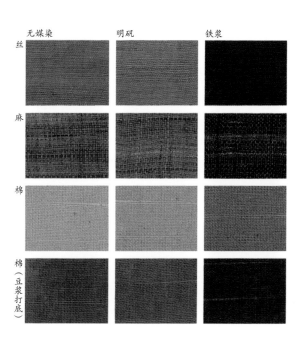

	无媒染	明矾	铁浆
丝			
麻			
棉			
棉（豆浆打底）			

杨梅　7月中旬

树皮

杨梅
杨梅科

植物备忘录　汉语名称是杨梅，日本还称其为山桃、涩木。它是野生于温暖地区山岳的常绿乔木，大量种植于公园和庭院。

叶革质，有光泽，细长，6～12cm，先端尖锐。密集，互生。

雌雄异株，花期是4月前后。雄花穗是黄褐色，长2～4cm，雌花穗约1cm，都很小，不显眼。

杨梅极富魅力，入夏结出球状果实，直径1～2cm，成熟变为暗红色。表面有细小的粒状突起，感觉像桑葚。

水分足，酸甜可口。散发树脂般的微弱香味儿，非常独特。果中有一粒坚硬种子。由于果实极易受损变质，即使产地也只有在当季才能品尝到。

在日本，"桃"本来是可食果实的总称，"山桃"是指生长于山上的桃。

染色备忘录　这是日本江户时代经常使用的染料。

用明矾媒染可染得偏棕的黄色，用铁浆媒染可染得如海藻色的偏黑棕绿色，日本称为海松色。

杨梅煮出的1遍液中有许多成分遇冷沉淀，如果不立即使用，放置一夜后需要用布等过滤沉淀物。

浓重的1遍液存放于阴凉处，可以使用一个月左右。如果时常加热至沸，可以保存更长时间。

杨梅染棉效果也很好。染丝绸通常使用2遍液之后的染液，用1遍液染制工作服、衬衣、袜子等物品比较好。

用明矾和铁浆叠染出的日本称为黄海松茶的深棕黄绿色，是适合工作服等容易脏的衣服色彩。如果褪色，可以重新染色。此法还可以染发黄的白衬衣。

在靛蓝染成的缥色上，用杨梅的铁浆媒染进行叠染，能够染出日本称为宪法色的偏绿黑色。

部位　树皮

使用量　面料重量的25%～50%

染液制作方法　把树皮直接放入热水中，加热沸腾后煮15分钟，用细纹布过滤萃取1遍液。以同样方法可以萃取至6遍液。

1遍液放置一夜，用细纹布过滤后染色。

染色方法　浸染，煮染

色彩样本　树皮，煮染，面料重量的一半，使用2、3遍液，4月9日操作。

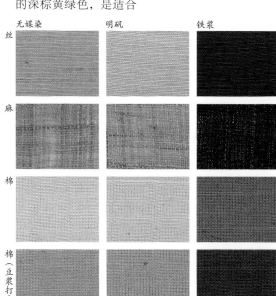

	无媒染	明矾	铁浆
丝			
麻			
棉			
棉（豆浆打底）			

石榴
石榴科

植物备忘录 日本称为柘榴。成熟的石榴就像塞满了红宝石的手球，如同宝石箱一样。食用时，自闪耀光芒的小颗粒中溢出酸甜果汁。从希腊神话和佛教传说中，可以发现它与人类古老而亲密的迹象。朱红色的花，好似带来了西域的繁华。

它是原产于波斯、印度的落叶乔木。叶为狭椭圆形，有光泽，对生。分枝多，有刺。6月，枝头挂满朱红色花朵。从厚重的筒状花萼中伸出有褶皱的薄花瓣。通常是6瓣花。秋天，成熟的果实自动裂开，露出种子。重瓣花的种类不结果实。

染色备忘录 使用石榴的果皮染色。用铁浆媒染可染得日本称为焦茶的暗棕色，用明矾媒染可染得明亮的黄棕色。不仅是丝绸，麻的染色效果也很好。

先以靛蓝染底色，再用其他色叠染的方法称为"蓝打底"。当运用此法染黑色时，经常以槟榔子和石榴果皮的铁浆媒染叠染而成。

部位 果皮

使用量 面料重量的一半至同量

染液制作方法 把果皮直接放入热水中，加热沸腾后煮15分钟，用细纹布过滤萃取1遍液。以同样方法可以萃取至4遍液。

染色方法 浸染，煮染

色彩样本 果皮，煮染，面料重量的一半，使用1、2遍液，3月11日操作。

石榴　6月下旬

果皮

果实　10月中旬

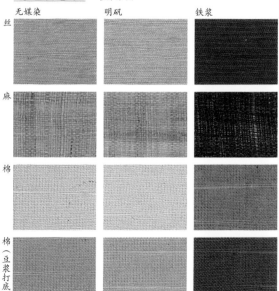

	无媒染	明矾	铁浆
丝			
麻			
棉			
棉（豆浆打底）			

染色图鉴　**083**

槐　7月下旬

槐
豆科

植物备忘录　原产于中国的落叶乔木。古代传入日本，如今作为家宅和道路绿化树等广泛种植，随处可见。高达15～25m，带长柄的纤细叶非常茂盛，形态如细长藤萝叶。柔软的小叶5～7对，长卵形，正面绿色，反面发白。

从夏至秋，枝梢上挺立着稀疏的花穗，绽放豆花般的浅黄色花。相比之下，小颗粒花蕾更为紧凑硬实，有蜡花般的感觉。

花凋谢后，像念珠一样的细小豆荚沉甸甸地垂下来。肉质，长4～7cm，里面有1～5颗豆。花、果实、枝叶均可药用，花作为黄色染料而闻名。

山槐生长于山地，日本称为"犬槐"，叶粗大，花密集地生长在穗上。由于豆荚不变细，容易区分。不过，当地人也有时指着山槐叫槐，需要注意区分。它还称为大槐。

染色备忘录　无媒染可染成浅黄色，但一用明矾媒染就变为亮丽的深黄色。不过，相对于媒染剂量，如果染料量过多，就会造成媒染不足，染不出漂亮的色彩。这是染料越多而染出色彩越淡的显著例子。

槐不仅染出的黄色漂亮，与黄檗、栀子等相比，其耐晒强度也高，因此经常用于日本型染工艺的局部着色。

染液有剩余时，把染液和明矾液混合加热，再加入少量消石灰水进行中和，可以制作漂亮的黄色颜料。

其黄色也可用于打底。槐用明矾媒染后以"生蓝染"叠染，可染出黄绿色。

部位　花蕾

使用量　相对于面料重量约25%。有时即使30%也会出现因媒染不足出色彩变淡的情况。

染液制作方法　把花蕾直接放入热水中，加热沸腾后煮15分钟，用细纹布过滤萃取1遍液。以同样方法可以萃取至4遍液。

染色方法　浸染，煮染

色彩样本　花蕾，煮染，面料重量的25%，使用1、2遍液，6月4日操作。

花蕾

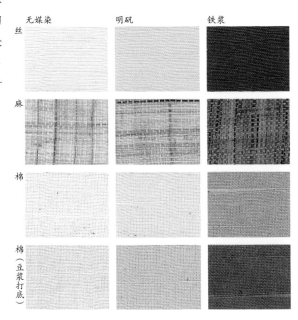

苏木
豆科

植物备忘录 日本称苏芳，是一种原产于印度、马来半岛的小乔木。古代经中国传入日本，色彩深红，仅次于红花，用于染制王公贵族们的衣服。由于苏木染的红色发黑，在民间说书中也出现"像沾满苏木那样溅回的血"之类的话语。

它是像合欢树一样的张开叶子的豆科树木。枝上有小刺。挺立着稀疏花穗，开黄花，花瓣上有红色条纹。花凋谢后结出扁平豆荚，里边有3~4粒种子。染料是心材和荚，煎煮汁液。

苏木染色很好，药效也广泛。古籍中记载可以消肿、排脓，还记述如果在伤口敷上苏木粉末，数日后断指就会连接起来，疗效甚好。

它经常与日本称为"花苏芳"的紫荆植物混淆。

染色备忘录 它是江户时代经常使用的染料。用明矾媒染可染红色，用铁浆媒染可染得偏黑的紫色。

明矾媒染的红色称苏芳色，是接近颜料的一种红色。要染出此色彩，需要使用加入食醋的温水煮出染液。

苏木染色，根据加入食醋量不同，色彩随之不断变化。食醋多时染出偏红的色彩，如果不加入食醋就变成偏紫的红色。但是，如果过量加入食醋，铁浆媒染的色彩效果不好。

苏木　11月上旬

苏木能够很快染出深色，但水洗容易褪色，也不耐潮，容易产生斑点，因而不适合染制和服。

杨梅染色后再用苏木叠染，能够染出日本称为红柄色的土红色。而且，比起单独使用苏木染色，叠染出的色彩不仅均匀，还不易出现色斑。

部位 干材屑

使用量 面料重量的一半至同量

染液制作方法 以1L热水，加入10mL食醋为标准，加热沸腾后煮15分钟，用细纹布过滤萃取1遍液。再以同样方法萃取2遍液。铁浆媒染时，食醋量以1L热水加入5mL食醋为标准。

染色方法 浸染，煮染

色彩样本 干材，面料重量的一半，使用1、2遍液，食醋10mL，热水1L，11月12日操作。

干材

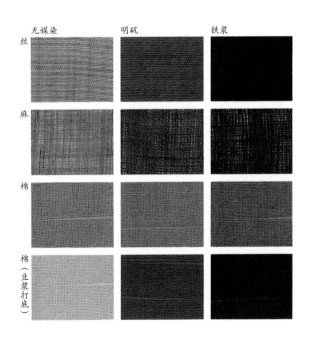

洋苏木
豆科

植物备忘录 原产于中美洲。曾经作为染料植物和药用植物，广泛在热带地区栽培。

它是一种小乔木，枝上有小枝变异的刺。叶子形态近似于合欢树叶，小叶一律朝向树枝根部变窄，呈楔形。开黄色花。

明治初年前后传入日本，进口的是干材，还有煎煮而成的浸膏精。英文名 Logwood。

洋苏木的干材

染色备忘录 它是一种能够染出紫色的稀有染料。也经常用于染黑色。

用明矾媒染可染得日本称为紫绀色的深蓝紫色。如果染料多而媒染不足，就只能染出棕色。用铁浆媒染可染得偏蓝的黑色。

部位 干材屑

使用量 面料重量的 15%

染液制作方法 把木屑放入热水中，加热沸腾后煮 15 分钟，用细纹布过滤萃取 1 遍液。再以同样方法萃取 2 遍液。

染色方法 浸染，煮染

色彩样本 干材，煮染，面料重量的 15%，使用 1、2 遍液，3 月 4 日操作。

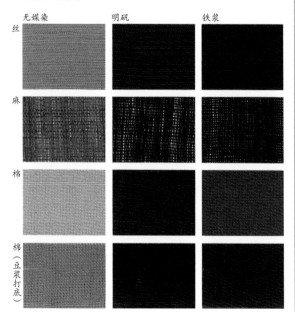

	无媒染	明矾	铁浆
丝			
麻			
棉			
棉（豆浆打底）			

山合欢（紫胶）
豆科

植物备忘录 山合欢是非洲、印度、马来西亚野生的乔木。在公园和沿街道广泛种植，为人们提供凉爽树荫。整体形态和叶子都与合欢树相同，犹如束扎丝线般的花是柔美黄绿色。印度名 Silly。散发怡人的香味儿。

一入冬，在叶子凋零的树枝上悬挂着许多金黄色豆荚，远远望去非常引人注目。

被当作染料使用的不是植物本身，而是附着在树枝上一种称为紫胶虫的介壳虫分泌物，能够萃取出胭脂色素。它也自古传入日本，其名字出现于正仓院宝物之列。

染色备忘录 使用附着于山合欢树上名为紫胶的介壳虫分泌物染色。其中含有红色素，是草木染中少见的动物性染料。其在印度自古就作为染料使用，经由中国传入日本。

另外，紫胶中含有大量称为胶的树脂，可作为清漆的原料使用。

紫胶染色，根据加入食醋量不同，色彩不断变化。加入食醋多可染出偏红的色彩，如果不加入食醋就会染出偏紫的红色。但是，如果过量加入食醋，用铁浆媒染的色彩效果不好。用明矾媒染可从桃红色染成胭脂色。

在同类动物性染料中，还有地中海沿岸染红色的栎树红蚧。

部位 紫胶（粉末）

使用量 面料重量的 0.5%～2%。由于是粉末，用少量就可以染色。关键是不要过量使用。

染液制作方法 以 1L 热水，加入食醋 5～20mL 为标准。把粉末放入此热水中，加热沸腾后煮 15 分钟，用细纹布过滤萃取 1 遍液。

明矾媒染时，为了染出红色，在 1L 热水中加入 10～20mL 食醋，萃取染液。

铁浆媒染时，以 1L 热水加入 5mL 食醋为标准。

染色方法 浸染，煮染

色彩样本 紫胶（粉末），煮染，面料重量的 1%，使用 1 遍液，食醋 10mL，热水 1L，11 月 12 日操作。

山合欢和紫胶

紫胶粉末

仙人掌和胭脂虫

仙人掌（胭脂虫）
仙人掌科

植物备忘录 仙人掌是一种满是刺的怪异植物。有团扇形和柱形，开美丽的花……在这里谈论植物的话题无济于事，因为关系到染料的是胭脂虫。

胭脂虫在日本也常见，是寄生于团扇形仙人掌表面的一种介壳虫，也称为臙脂虫。由雌体制成鲜艳的红色颜料，作为商品专门从秘鲁进口。

胭脂虫除了用于制作颜料、染料，还用于制作食品色素及制作红墨水。此外，在生物学上还用于分染显微镜下组织标本的化学试剂（醋酸胭脂红）。

染色备忘录 胭脂虫是附着于仙人掌的介壳虫，它与紫胶一样，是染红色的动物性染料。在中南美洲自古就作为染料使用，从玛雅文明、阿兹特克文明的发掘物品中都检测出了胭脂虫色素。据说它由西班牙人带入欧洲，桃山时代通过东南亚贸易进口到日本。用明矾媒染可染得紫红色。根据加入食醋量的不同，色彩随之不断变化。食醋多可染出偏红的色彩，如果不加入食醋就变成偏紫的红色。

用铁浆媒染可染得偏紫的灰色。如果过量加入食醋，色彩效果不好。

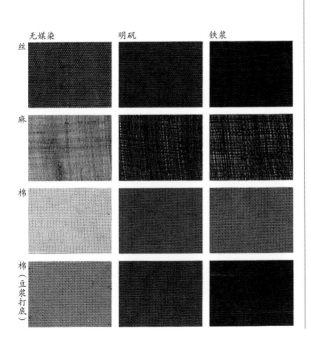

	无媒染	明矾	铁浆
丝			
麻			
棉			
棉（豆浆打底）			

部位 胭脂虫（干燥品）

使用量 面料重量的 3% ~ 10%，少量就染得很好。

染液制作方法 以 1L 热水，加入食醋 5 ~ 20mL 为标准。把胭脂虫放入此热水中，加热沸腾后煮 15 分钟，用细纹布过滤萃取 1 遍液。以同样方法可以萃取至 4 遍液。为了用明矾媒染染出红色，在 1L 热水中加入 10 ~ 20mL 食醋，萃取染液。铁浆媒染时，以 1L 热水加入 5mL 食醋为标准。

染色方法 浸染，煮染

色彩样本 胭脂虫（干燥），煮染，面料重量的 3%，使用 1、2 遍液，食醋 10mL，热水 1L，1 月 9 日操作。

胭脂虫

柯子
使君子科

植物备忘录 也称诃梨勒，它作为灵验奇效药曾出现于佛教经典中。原产于印度、印度尼西亚，高达 20 ~ 30m，叶为椭圆形，长 7.5 ~ 18cm。在 5cm 左右的花穗上绽放香气怡人的乳白色花。

花凋谢后，结出近似栀子的椭圆形果实。果实上有 6 条纵纹，熟透可以生吃。干燥的果

实含有大量单宁，用于染料和药材。

染色备忘录 在印度，僧衣的木兰色就是使用柯子染制而成。

明矾媒染麻纤维，可染出稍微偏棕绿的黄色。它柔中带涩，是我喜爱的色彩。

部位 果实

使用量 与面料重量相同

染液制作方法 把果实砸碎放入热水中，加热沸腾后煮 15 分钟，用细纹布过滤萃取 1 遍液。以同样方法可以萃取至 4 遍液。

染色方法 浸染，煮染

色彩样本 果实，煮染，与面料重量相同，使用 1、2 遍液，4 月 26 日操作。

柯子的果实

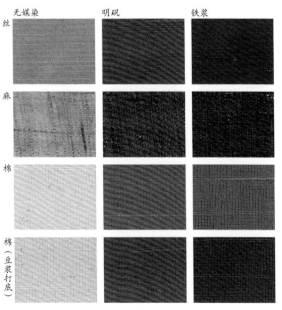

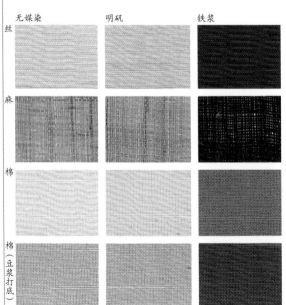

槟榔树
棕榈科

植物备忘录 日本称为槟榔树，是原产于印度尼西亚、马来西亚的一种椰子树。它由线形小叶排列组合成大叶，如同鸟羽毛一般，长1~2m。叶子聚集在高达10m的直立树干顶端。

果实是长7cm左右的歪卵状。当地人们把这种果实砸碎，与石灰一起包在蒌叶的叶片内作为口香糖咀嚼，噗噗地吐唾沫。因吐出的唾沫通红，第一次见到会很吃惊。在大街上卖的像牛奶糖一样的绿色包，就是这种口香糖。

在日本，这个棕榈科的槟榔树也称为"蒲葵"。另外，在日本九州南部和冲绳群岛还野生一种与槟榔树不同属，但汉字也为"蒲葵"的植物，自古以来就被利用。因名字易混淆而产生麻烦。

它好像是放大了的棕榈，长着扇形叶。平安时代贵族喜欢用的槟榔扇和槟榔毛车，都是用这种蒲葵叶制成的。

染色备忘录 槟榔树的果实槟榔子，主要在蓝打底染黑色时使用。

另外，它有药用功

槟榔树

槟榔子（果实）

能，采集成熟果实晾干，可用于驱除绦虫及作为收敛药使用。

因为含有大量单宁，在中医上将其用于止泻、健胃、利尿药。

为了用蓝打底的黑染法染出纯黑色，把线染成蓝色后，用槟榔子和石榴皮的铁浆媒染进行叠染。这是把蓝草的蓝色和石榴皮的黄色、槟榔子的红色混合而染出黑色的方法。

槟榔子用铁浆媒染，可染得偏紫的灰色。

用明矾媒染可染得偏红的肉色。

部位 果实

使用量 面料重量的一半至同量

染液制作方法 把果实直接放入热水中，加热沸腾后煮15分钟，用细纹布过滤萃取1遍液。以同样方法可以萃取至4遍液。

染色方法 浸染，煮染

色彩样本 果实，煮染，面料重量的一半，使用1、2遍液，3月11日操作。

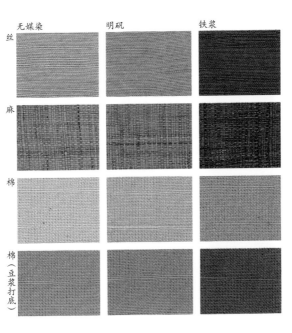

红树 4月中旬

丹壳

红树
红树科

植物备忘录 日本称为雄漂木、雄蛭木。在亚热带入海口附近等处的深泥地带，红树属植物（红树林）非常发达。红树是这种树林的主要树种。它是高达 8～25m 的常绿乔木，从上边扎下几条气根支撑着树冠。

叶为长椭圆形，长8～12cm，先端尖锐。花期是5～6月。花径3cm 左右，带有红色花萼和黄白色花瓣，朝下开放。

果实在树上发芽，胚根为棍棒状，长到 15～20cm 后落下。

白花的秋茄、黄白花的红茄苳，也称为红漂木、红蛭木。

染色备忘录 人们把红树等红树属植物称为丹壳，是熬煮树皮汁液而成的浸膏精，自古就用于染色。

用明矾媒染可染得棕色，用铁浆媒染可染得深棕黑色。与阿仙药一样，丹壳也可以制作浓染液，也经常用于型染工艺等。

部位 丹壳

使用量 面料重量的 20%

染液制作方法 将丹壳包在报纸中用锤子砸，尽可能砸碎。把碎渣放入热水中，加热沸腾后用长筷子搅拌至溶化，煮 5～10 分钟。用细纹布过滤萃取 1 遍液。

染色方法 浸染，煮染

色彩样本 丹壳，煮染，面料重量的 20%，使用 1 遍液，11 月 28 日操作。

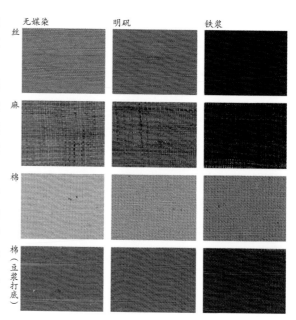

	无媒染	明矾	铁浆
丝			
麻			
棉			
棉（豆浆打底）			

丁香
木犀科

植物备忘录 日本称为丁子。它是原产于摩鹿加群岛的常绿乔木。叶为革质，对生，开淡红色花，香味儿浓郁。干花蕾是作为香料的丁香，其形状像丁字，由此而得名。

在古代经中国进口到日本。其用途广泛，可蒸馏榨取丁香油制作香球，也可用于染料等。不过，丁香植物一直等到嘉永年间才传入日本。

染色备忘录 可以一边享受香味儿，一边染色。用草木灰水媒染的色彩称为香色。染色时香味儿浓郁，像焚香一样，可以长久弥漫于房间内。染色的面料也有余香。

丁香花蕾

部位 花蕾

使用量 面料重量的一半

染液制作方法 把花蕾直接放入热水中，加热沸腾后煮15分钟，用细纹布过滤萃取1遍液。再以同样方法萃取2遍液。

染色方法 浸染，煮染

色彩样本 花蕾，煮染，面料重量的一半，使用1、2遍液，3月27日操作。

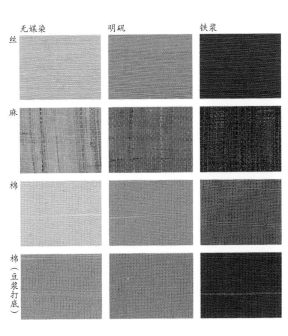

青茅　10 月中旬

青茅
禾本科

部位　叶

使用量　与面料重量相同

染液制作方法　把叶直接放入热水中，加热沸腾后煮 15 分钟，用细纹布过滤萃取 1 遍液。再以同样方法萃取 2 遍液。

染色方法　浸染，煮染

色彩样本　叶，煮染，与面料重量相同，使用 1、2 遍液，4 月 11 日操作。

叶

植物备忘录　日本称为刈安。江户时代的百科辞典《和汉三才图绘》中记载："生长于山谷。叶似竹，又细又薄。茎亦又圆又小。煮成的黄色染料极鲜艳纯正。"在记述日本平安时代初期宫中制度的《延喜式》中，也可以看到它的名字在贡品之列。青茅是奈良时代最普通的衣服染料。

青茅簇生在各地山野，形态比芒草纤细而优美，高 1m 左右。穗稀疏，只有 3～4 条小花穗。褐色。花上没有芒（指麦穗等的尖长刺）。它也称为近江青茅、山青茅。

染色备忘录　它与黄檗一样，自古用于染黄色和与蓼蓝叠染绿色。

为了染出美丽的黄色，要选择干叶上还留有黄绿色的染料。如果使用像枯萎芒草一样变成棕色的染料，染色效果不好。

用明矾媒染可染得日本称为刈安色的略微偏绿的黄色。用铁浆媒染可染得日本称为黄海松茶色的偏棕黄的灰绿色。

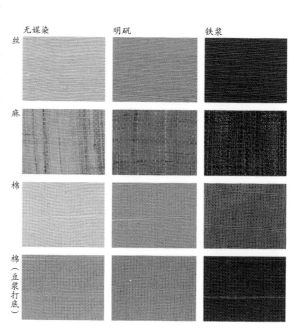

	无媒染	明矾	铁浆
丝			
麻			
棉			
棉（豆浆打底）			

桤木
桦木科

植物备忘录 日本称为夜叉五倍子、夜叉附子。是在各地山区常见的落叶乔木。高达20m左右。

狭卵形叶长在灰褐色树枝上，互生，长4～10cm，先端尖锐。边缘有不规则的双锯齿，叶脉直达边缘，13～17对，平行排列。花期是3月。黄褐色的雄花花穗从枝稍垂下，下边树枝上有2～3个红色圆形雌花，直立。结出2cm左右的球形果实。因为其根韧性好、张力强，且插枝就可以成活，所以多种植在易塌陷地带，也用于防沙。

垂花桤木有若干果球下垂，容易分辨。

染色备忘录 桤木的果实自古就用于染黑色。染色效果好，用铁浆媒染可从紫黑色染成黑棕色。用明矾媒染可染得棕色。

染制日本称为蓝御纳户色的略偏棕的蓝黑色，则用蓝染打底后，其上以桤木的铁浆媒染进行叠染。在日本纳户是指暗房间，该色名由此而来。

桤木　7月上旬

部位 果实

使用量 面料重量的一半至同量

染液制作方法 将果实直接放入热水中，加热沸腾后煮15分钟，用细纹布过滤萃取1遍液。以同样方法可以萃取至4遍液。

染色方法 浸染，煮染

色彩样本 果实，煮染，与面料重量相同，使用1、2遍液，4月14日操作。

果实

	无媒染	明矾	铁浆
丝			
麻			
棉			
棉（豆浆打底）			

黄檗
芸香科

植物备忘录 在日本山地野生的落叶乔木，高达 25m 左右。雌雄异株。叶长 20～45cm，奇数羽状复叶，对生，小叶为长椭圆形，长 5～10cm，2～6 对。先端尖锐。5～7 月，在枝梢集中绽放黄绿色小花，雌株在秋天结出黑紫色的球形果实。

它的日本名字读音意为黄色肌肤。剥下淡黄褐色的软木质薄树皮，即可见到鲜黄的内树皮，内含苦涩成分小檗碱。将此部分称为黄檗，用作药材和染料。

日本木曾御岳山的灵验药"百草"和奈良县高野山"陀罗尼助"的主要成分，都是这个黄檗。它有健胃、整肠的药用功能，还对治疗

黄檗的雄株　5 月下旬

烧伤有效果。它木质坚硬有光泽，非常美丽。

染色备忘录 它是自古就使用的染料，具有防虫效果，染制用于长久保存的经文及制作户口簿等物品的和纸。

染和纸时，通常以无媒染刷染或浸染。因

其水洗掉色严重，故此和纸不水洗，直接阴干。

黄檗是无媒染即可呈现漂亮黄色的珍稀染料。使用明矾媒染变成偏棕绿且略显暗淡的黄色。

它不耐晒，遇阳光很快从黄色变为红棕色，因而必须阴干。

蓝染打底之后，可用黄檗的明矾媒染叠染绿色。

内皮

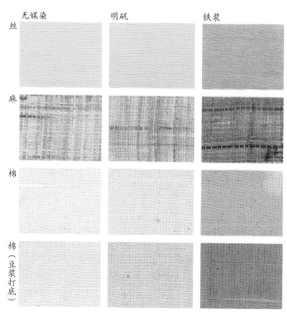

内皮　6月上旬

部位　内皮

使用量　面料重量的一半至同量

染液制作方法　将内皮直接放入热水中，加热沸腾后煮15分钟，用细纹布过滤萃取1遍液。以同样方法可以萃取至4遍液。

染色方法　浸染，煮染

色彩样本　内皮，煮染，面料重量的一半，使用1、2遍液，6月11日操作。

盐肤木　6月上旬

盐肤木（五倍子）
漆树科

植物备忘录　盐肤木是在山野中常见的小乔木。奇数羽状复叶，中心轴上长有鳍状叶，小叶相连，极易辨认。其形态看上去就像吃剩下的鱼骨刺。

夏天，枝梢挺立着大花穗，开很多白色小花。雌雄异株，雌株结小小的扁平果实。红紫色，表面覆盖白色粉

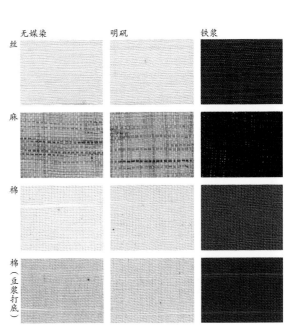

	无媒染	明矾	铁浆
丝			
麻			
棉			
棉（豆浆打底）			

末，有酸味儿。

五倍子虫在枝叶上制作的凹凸虫瘿称五倍子。曾因日本人将其作为朝臣和妇女们染牙齿的铁浆素而闻名。

秋天，盐肤木的明亮橙色和朱红色叶，与大漆一样，也是斑疹的感染源，身体弱的人有时候只是经过旁边就会被感染。

染色备忘录 五倍子是自古就经常使用的染料，用铁浆媒染可染得日本称为空倍子色的紫灰色。

盐肤木上长出的虫瘿叫五倍子。因为约一半成分是单宁，所以也作为棉的单宁打底染料使用。在虫瘿长大的10月下旬至11月前后，采集新鲜五倍子直接染色，可以染出澄净的色彩。

用明矾媒染可染得极淡的棕色。因为它不影响叠染染料的色彩，所以经常用于打底。

由于五倍子煮出的1遍液中含大量遇冷沉淀成分，如果没有立即使用，放置一夜的1遍液，需要用布等过滤沉淀物再染色。通常，多使用2、3遍液染丝绸，1遍液用于棉的单宁打底。

在寒冷冬季，浓重的1遍液可以保存2～3周。如果时常加热至沸腾，可以使用更长时间，但因其随时间变化色彩逐渐偏棕，最好还是尽早使用。

由于即使无媒染也能染出浅棕色，故可以用它染发白的衬衣和发黄的白衬衣等。

部位 五倍子

使用量 面料重量的25%～40%

染液制作方法 将五倍子放入热水中，加热沸腾后煮15分钟，用细纹布过滤萃取1遍液。再以同样方法萃取2、3遍液。1遍液不马上使用，将其放置一夜，用布滤去沉淀物再染色。

染色方法 浸染，煮染

色彩样本 五倍子，煮染，面料重量的40%，使用2、3遍液，5月14日操作。

五倍子

叶上长出的五倍子

厨房

厨余的再利用

用身边食材可以享受意外的色彩

绿茶

染色备忘录 煮喝绿茶剩下的茶渣，可以染色。饮用时为了不出涩味儿（单宁），使用稍凉的水冲泡绿茶，因而茶渣中的单宁还很充足，用铁浆媒染可染得紫灰色。茶渣竟能染出如此漂亮色彩，令人惊讶。

饮前的绿茶也可以使用，但我不轻易用其染色。

用明矾媒染可染得柔和的浅棕色。

它可以代替五倍子用于棉的单宁打底。

用绿茶煮染液并染色时，香气馥郁，心情舒畅。

部位 未干的茶渣

使用量 面料重量的 2～3 倍

染液制作方法 将茶渣放入热水中，加热沸腾后煮 15 分钟，用细纹布过滤萃取 1 遍液。再以同样方法萃取 2 遍液。

染色方法 浸染，煮染

色彩样本 茶渣，煮染，面料重量的 3 倍，使用 1、2 遍液，2月 19日操作。

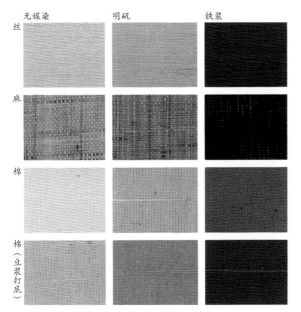

	无媒染	明矾	铁浆
丝			
麻			
棉			
棉（豆浆打底）			

绿茶

红茶

染色备忘录 红茶是把绿茶予以发酵的物品，在发酵过程中生成红褐色的色素。

与绿茶相比，该色素偏红棕色。

用明矾媒染可染得偏红的浅棕色，用铁浆媒染可染得棕褐色。

因为叶中含有单宁，所以茶渣也能染色。可以把茶渣在冰箱中冷冻保存，逐渐收集到染色的需要量。

用红茶煮染液及染色时，也可以享受香味儿。

另外，因茶叶品种不同，色彩也多少有些不一样，乌龙茶和焙茶等也可以用于染色。

红茶

部位 未干的茶渣

使用量 面料重量的2~3倍

染液制作方法 将茶渣放入热水中，加热沸腾后煮15分钟，用细纹布过滤萃取1遍液。再以同样方法萃取2遍液。

染色方法 浸染，煮染

色彩样本 茶渣，煮染，面料重量的3倍，使用1、2遍液，2月19日操作。

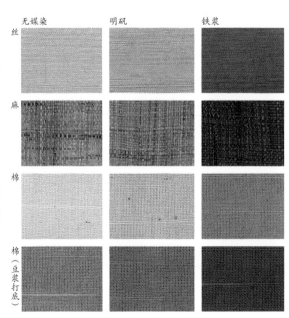

咖啡

染色备忘录 煮喝后的咖啡渣，可以染色。在冰箱中冷冻保存咖啡渣，收集到染色的需要量。咖啡渣晾干可以作为除臭剂使用，此后还可以用于染色。

用铁浆媒染可染得偏棕的灰色，用明矾媒染可染得略微偏黄的浅棕色。

与红茶、绿茶不同，棉如果未经打底，染色效果不好。

用咖啡煮染液并染色时，也可以享受香味儿。

部位 磨碎的咖啡豆渣

使用量 面料重量的 2 ~ 3 倍（干品为面料重量的一半至同量）

染液制作方法 将渣放入热水中，加热沸腾后煮 15 分钟，用细纹布过滤萃取 1 遍液。再以同样方法萃取 2 遍液。

染色方法 浸染，煮染

色彩样本 咖啡渣，煮染，面料重量的 2 倍，使用 1、2 遍液，2 月 19 日操作。

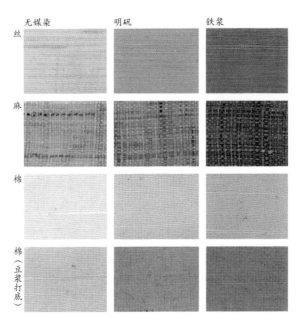

	无媒染	明矾	铁浆
丝			
麻			
棉			
棉（豆浆打底）			

咖啡

洋葱

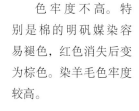

染色备忘录 用洋葱的外皮染色。因其不容易大量收集，较为适合染少量小物件。即使未经豆浆打底或单宁打底的棉，染色效果也很好，因而可以染发黄的手帕等。

用明矾媒染可染得像洋葱外皮那样的红褐色。染棉变为略微偏黄的色彩。用铁浆媒染可染得日本称为焦茶色的偏红黑棕色。染丝绸变为偏黄的焦茶色。

色牢度不高。特别是棉的明矾媒染容易褪色，红色消失后变为棕色。染羊毛色牢度较高。

部位 外皮

使用量 面料重量的一半

染液制作方法 将外皮直接放入热水中，加热沸腾后煮15分钟，用细纹布过滤萃取1遍液。再以同样方法萃取2遍液。

染色方法 浸染，煮染

色彩样本 外皮，煮染，面料重量的一半，使用1、2遍液，2月19日操作。

洋葱外皮

花生

染色备忘录 使用花生壳和薄皮染色，这些容易收集。它能够染出好色彩是凭借含有的单宁作用。在吃不剥薄皮的花生时，口中残留的微微涩味儿，就是来自薄皮中含有的单宁。

用明矾媒染可染得偏红的浅棕色，用铁浆媒染可染得棕褐色。

黑豆是自古就用于染色的豆类染料。用铁浆媒染可染得银灰色。

红豆用铁浆媒染也可染得银灰色。因为黑豆、红豆的色素不耐热，很遗憾染不出黑豆、红豆本身的色彩。

部位 壳、薄皮

使用量 与面料重量相同

染液制作方法 将壳和薄皮直接放入热水中，加热沸腾后煮15分钟，用细纹布过滤萃取1遍液。再以同样方法萃取2遍液。

染色方法 浸染，煮染

色彩样本 壳、薄皮，煮染，与面料重量相同，使用1、2遍液，4月25日操作。

花生壳和薄皮

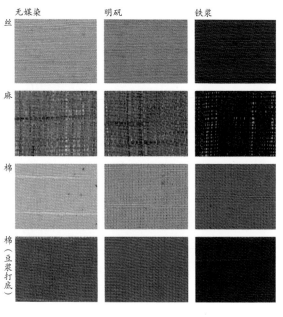

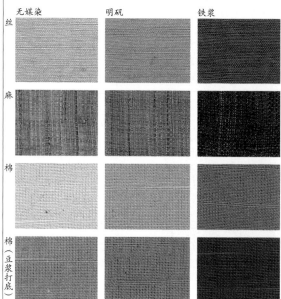

染色工房

【染前】
培育色彩

我在群马县高崎市长大，家中院子和田地里一直种着很多植物。父亲非常喜爱植物，亲自耕地、播种，精心培育用于染色。四季应时的花色和春天的新绿、夏天的深绿、秋天的红叶色彩，美轮美奂，让我至今记忆犹新。身为画家的父亲，写生植物，观察入微。他一边与植物对话，一边染线和面料。在父亲的行为举止中，我深刻认识到草木染也是植物学。

我继承草木染已经过去了大约 30 年，在工房院子里也一直种植着染料植物。不用说蓝草和荩草，就连茜草和最难栽培的紫草，我也进行着挑战式栽培。我以前有过栽培红花失败的经历，但请教过山

形县花农之后，在工房 3m^2 的土地上收获了 82g 红花的花瓣。将花瓣洗净，用擂钵锤捣、发酵，制作成了红花饼。虽然它只有 15g，我却视若珍宝。

耕田、培育植物和染色。在与自然和谐相处中，孕育出自己对色彩的微妙审美感受。

红花的花，摘下做红花饼　　　　红花种子

自然色彩是如此鲜艳，使用的植物（上，左起）栀子、蓼蓝和红花，（下，左起）红花、红花和栀子、蓼蓝

摘蓼蓝叶，8 月是最适合蓼蓝鲜叶染的月份

紫草花

日本茜草，从根茎取染料

从去年收割的蓝草上采种，在田地撒种，盖上土和稻草

4月，耕田，准备种植蓼蓝、红花、茜草

栽培日志

蓼蓝

5月10日，在稻草下的苗床培育苗壮的新芽

5月24日，从苗床移植

6月8日，因温度高长势良好

8月26日，含有充足蓝色素，是最适合染色的时候

荩草

4月11日，在田地直接播种

同日，盖土，不用盖稻草

8月26日，最适合染色的时候，即使不管理也能长得强壮茂盛的植物

10月8日，长出花穗，在长出花穗前收割

红花

4 月 24 日，从两周前轻埋在土里的种子中发出幼芽

5 月 14 日，培土，为了防止倒伏

5 月 25 日，在 30cm 的地方用绳子围起来，使之直立生长

7 月 2 日，花都开了，开花后第 3 天采摘，制作红花饼

【染前】
随季节变化的草木之色

在草木染中，即使同一种植物，每个季节都呈现不同色彩，非常漂亮。春天长出新芽，夏天绿叶繁茂，秋天红叶，冬天如枯萎一般，染色也随季节而变化。

那么，究竟会有多大的色彩变化呢？从3月到10月，我在同一场所采摘艾蒿，用同等量进行染色实验。

通过用明矾媒染染成的色样来看，3～5月之间，染得略微发棕的黄绿色，随着时间推移，色彩会逐渐变深。6月可染得偏黄的深色。7～8月以后染得的色彩发棕，9～10月染得的色彩稍微变浅。

虽然是微妙差别，但正如所见，色彩变化却是一目了然。我并不是把所有植物都做了实验，但如果说到艾蒿，就知道在草木葱葱的6月前后，染色偏黄，很有活力。而且艾蒿一到结束生长的时候，就变成棕色。一般来说，黄色是活泼的，而棕色给人以沉稳印象，但从艾蒿的色彩变化来看，也许可以说其活力是永恒的。

草木适应四季而生。那些草木以自身染色来表现四季，这就是草木染。

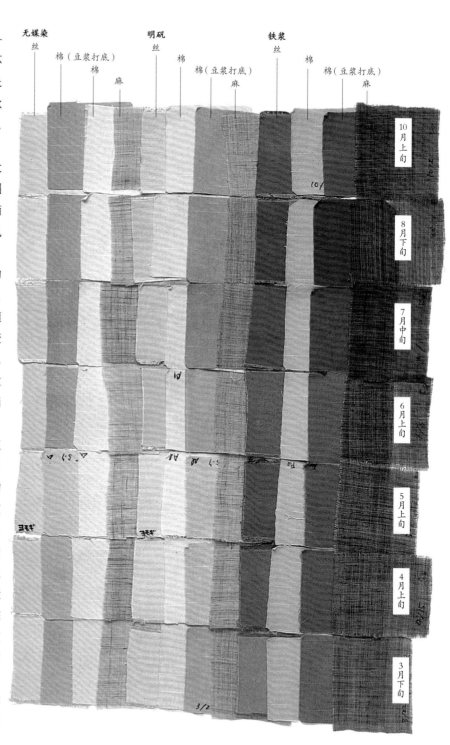

无媒染
丝
棉（豆浆打底）
棉
麻

明矾
丝
棉
棉（豆浆打底）
麻

铁浆
丝
棉
棉（豆浆打底）
麻

10月上旬
8月下旬
7月中旬
6月上旬
5月上旬
4月上旬
3月下旬

【染前】
天然材质的面料

因为草木染是用天然染料染色，所以染色面料和线也限于天然材质。即使同一种染料，丝绸染得的色彩鲜艳，麻染得的色彩沉稳。对于未经过豆浆打底的棉，很多染料都染不深。另外，由于织造方法等原因，完成染色的感觉也会变化多端。那么，就尝试使用各种各样的天然材料，享受染色的乐趣吧。

[棉] 缅甸棉

缅甸产棕棉织物。棕色很深。因为使用手纺线，所以手感柔软。用于西服料子、门帘等。

[棉] 印度棉

印度产棉织物。与缅甸棉一样，因为使用手纺线，所以有柔软的手感。用于西服料子和桌布等。

[棉] 棉布

身边最容易得到的面料。用于西服料子等。棉布有织密度高的天竺棉等，非常结实。

[麻] 大麻布

用大麻线织成的织物。线粗，但比苎麻手感柔软。用于门帘、坐垫等。

[麻] 苎麻布（1）

用苎麻细线织成的织物。有清凉感。因线细，还有透明感。用于夏天门帘、坐垫等。

[麻] 苎麻布（2）

用苎麻粗线织成的织物。棕色，织纹粗，手感硬。用于门帘和壁挂等。

[丝] 捻线绸

用丝绵或手繰丝线织成的织物。因为线粗细不规则，形成独特手感。用于和服、腰带等。

[丝] 绉绸

表面有绉纹的织物。强捻纬线，出现凹凸起伏。用于和服、包裹布和带子里的衬垫等。

[棉] 缅甸棉
[棉] 印度棉
[棉] 棉布
[麻] 大麻布
[麻] 苎麻布（1）
[丝] 捻线绸
[麻] 苎麻布（2）
[丝] 绉绸

【染前】
草木染的基础知识

要做草木染，需要掌握关于染料的萃取方法、固色与媒染剂的使用方法，以及与材质相对应的不同染色方法等基本知识。

关于染液

把从植物的根、叶、小枝、树皮中萃取色素的液体和水制成的水溶液，叫作"染液"。对于染料用量，以染色面料重量为基准来决定。但是，根据植物不同，其用量也不一样（参见第17页"染色图鉴"的"使用量"）。

水量根据染法和材料不同也多少有些区别。满足面料和线充分浸泡的水量是共同标准，但如果煮染，则需要相对于面料重量的50倍水，如果浸染，则需要100倍水。

染液的制作方法

根据植物不同，染料萃取部位也有区别，即使同一种植物，因部位不同，色彩有时也不一样。把染料放入热水中加热，沸腾后煮15分钟，用细纹布过滤，这是基本的染液萃取方法。染料可以多次使用。把最初萃取的染液称为1遍液，此后，称为2遍液、3遍液。即使同一种植物，与2遍液相比，多数1遍液更偏棕色。而且，在红棕色系的染液中，与马上染色相比，放置几天后染出的色彩更红。关于煮的次数标准，用草、叶、小枝是2遍，用树皮、干材是2～4遍，用根是4～8遍。

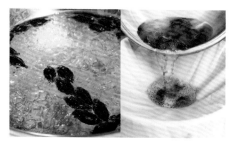

煮栀子果实萃取染料

由金桂叶和小枝萃取的染液，1遍液（左）比2遍液（右）偏棕色

由樱花落叶萃取的染液，刚萃取的液体（左）和放置两夜后的液体（右），如果用明矾媒染，使用放置两夜后的染液更红

关于媒染剂、助剂

大部分草木染，是为了在面料和线的纤维中固着染料而显色，故此除了染液，还需要媒染剂。媒染剂的作用是使染料固着于纤维，使之不易掉色，同时显现色彩。即使同一种染料，如果媒染剂不同，也会变为完全不一样的色彩。放入媒染剂的水溶液称为媒染液。

媒染剂有的含铝、铁等金属物品，含铝媒染剂有明矾、烧明矾、醋酸铝、山茶灰等。含铁媒染剂有把锈钉浸泡于食醋等制作的铁浆液（参见第112页）、木醋酸铁、泥等。

助剂的作用是帮助显色。例如，染羊毛时需要把用媒染剂制作的媒染液加热，因媒染液遇高温易产生变化，多使用作为助剂的塔塔粉起到稳定作用。其他助剂还有碳酸钾、柠檬酸、食醋等。媒染剂和助剂几乎全部在染料店里出售。烧明矾在超市也可以买到（作为烧铵明矾出售）。铁浆在家里就能够简单制作。

媒染剂用量

各种媒染剂的使用量，都根据欲染材料量决定。以 100g 面料为例，铁浆使用 20 ~ 30mL（欲染材料的 20% ~ 30%），烧明矾使用 4 ~ 6g（欲染材料的 4% ~ 6%）（参见第 17 页"关于媒染剂"表格）。如果欲染材料重量在 100g 以下，媒染剂用量略微多一些为好。

（从左后顺时针）食醋、铁浆液、中性洗涤剂、柠檬酸、塔塔粉、碳酸钾、大豆、烧明矾、旧钉子

染色方法

草木染的染色方法有"浸染"和"刷染"。浸染是把面料等浸泡在染液中的染色方法，刷染是用毛刷把染液刷于面料等的染色方法。本书只介绍易于初学者实践的"浸染"。

在浸染中，还有把加热染液称为"煮染"的方法。煮染适合染丝绸、棉、麻、羊毛之类的线，但羊毛有因为急剧温度差而收缩的性质，要注意调节温度（参见第 115 页）。

不加热的浸染，适用于染面料及煮染易形成不均匀的情况，还有紫根染和红花染等染液不耐高温的场合。

浸染、煮染的基本染色过程，按照"染液→媒染液→染液"的顺序进行。根据染料和所染材料性质不同，也有先媒染的情况。

材料的前处理

在染色之前，把面料和线过水、脱浆、精炼（从面料和线中去除杂质）称为"前处理"。这样处理后，可以使色彩染得很均匀。市场上出售的丝绸和棉、麻几乎都已脱浆、精炼，染前只过水就行了。遇到色素难以渗入的情况，将其浸泡在加入中性洗涤剂的热水中处理比较好。遇到未精炼的情况，需要用加入碱和洗涤剂的热水煮 0.5 ~ 1 小时。

由于市场上出售的羊毛几乎都已精炼，染前在添加了毛用中性洗涤剂的热水里浸泡 15 分钟左右即可。

把棉染深的方法

棉与蛋白质构成的丝绸和羊毛相比，如果直接染色则染不深。所谓"豆浆打底"，就是把大豆制成的豆浆附着于棉上，这样就可以借助豆浆中的植物性蛋白质染出深色（参见第 113 页）。除了"豆浆打底"，还有使单宁附着的"单宁打底"。

因为有时候也会使用热染液，需要戴双层手套浸染

在染液中充分移动面料

准备的工具

萃取染液和用于染面料的盆、锅大一些为好。保养简单、不影响染色的不锈钢制品最合适。但是，制作明矾媒染液时，使用不易腐蚀的搪瓷制品更合适。使用高温染液时，在棉手套上再戴橡胶手套更便于操作。

（从左后）不锈钢盆（5L）、搪瓷盆（3L）、不锈钢锅（5～8L）、塑料桶（7～10L），（从左前）搅拌器、秤、量杯、小碟子、量匙、定时器、长筷子、棉过滤布（60cm×60cm）、橡胶手套、棉手套、竹笸箩、网篮

【染色技法】
基本染色法
浸染

用艾蒿染麻质小铺件

由于麻容易出皱褶，浸入染液或媒染时需叠成屏风状。
拧面料时也要轻轻地折叠起来。

● **精炼布**

准备物品

艾蒿 300g
麻（大麻布）3 块
每块 50g（30cm×45cm）
铁浆液 15mL
明矾 3g
中性洗涤剂 10mL

① 在 5L 水中加入 10mL
中性洗涤剂

② 把布料放入沸腾了的 ①
中，煮 15～30 分钟

● **萃取染液**

③ 充分水洗

④ 采摘 300g 艾蒿

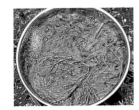
⑤ 用 5L 热水煮艾蒿 15 分钟

⑥ 用布过滤

● **浸染**

⑦ 充分拧绞萃取染液

⑧ 把布料浸入艾蒿染液

⑨ 一边折叠成屏风状，一
边充分移动布料，10 分钟

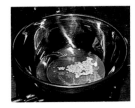
⑩ 在 500mL 热水中溶解
3g（满满的一大匙）明矾

⑪ 在 ⑩ 中加入
3.5L 水，制作媒
染液

⑫ 拧绞从染液中取出
的布料，无媒染保持
原样（右前）。在 4L
热水中加入 15mL（一
大匙）的铁浆液（右
后），把布料放入 ⑪
的明矾媒染液中。一
边移动布料，一边媒
染，铁浆 30 分钟，明
矾 15 分钟

⑬ 从媒染液中取出布料，一边折叠一边拧（明矾）

⑭ 水洗（明矾），铁浆媒染也同样操作

⑮ 把染液再煮沸，分成两部分，浸泡布料

⑯ 一边充分移动布料，一边浸染 10 分钟，由于是媒染后的浸染，色彩更深了（左铁浆，右明矾）

⑰ 水洗

⑱ 晒干

● 铁浆液的制作方法

准备物品

食醋 500mL
旧钉子 500g
水 500mL

① 准备食醋和旧钉子

② 在 500mL 水中加入食醋、旧钉子，把水熬剩一半

③ 就这样放置 7~10 天，把旧钉子过滤出来，钉子可以再使用

煮染

用艾蒿染印度棉的多用布

捆得紧紧的，纹样就清晰。用麻绳可捆得更紧。

媒染时，把布料展开，着色部分会染得更漂亮。

● 布料的前处理（豆浆打底）

准备物品

大豆 50g

艾蒿 1.2kg

印度棉 400g（1.3m×2m）

铁浆液 80mL

① 把 50g 大豆放在水里泡一夜

② 放一夜之后

③ 把大豆放入 1L 水中，用搅拌器搅拌，约 1 分钟

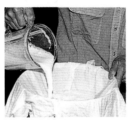

④ 用布过滤

⑤ 把过水的布料浸入豆浆，充分揉搓，使豆浆充分进入布料

⑥ 操作 5 分钟左右，不久，豆浆就变得不黏了

⑦ 脱水 5 分钟，晒干

● 捆布

⑧ 把布料折叠成 10cm 宽

⑨ 用麻绳捆紧

⑩ 捆扎间隔短，容易留白

⑪ 为了使染液更容易渗入布料，将其过水，轻轻拧绞

● 煮染，铁浆媒染

⑬ 从染液中取出布料，轻轻拧绞

⑭ 把 80mL 铁浆液倒入 5L 水中，浸泡布料

⑫ 把布料放入 5L 艾蒿染液，充分移动后染液沸腾，煮约 10 分钟，煮染过程中也需时常移动布料

⑮ 尽快把布料展开，均匀媒染，最初 5 分钟很重要。媒染约 30 分钟

⑯ 水洗

⑰ 把染液再煮沸，煮染约 15 分钟，最初 5 分钟要不断移动布料

⑱ 水洗后，解开绳子，再用水充分洗

⑲ 晒干

染毛

用樱花落叶染羊毛

　　染液、媒染液都加热到 40～50℃调成小火。60 分钟左右加热到 80～90℃。不要再升温。以每 10 分钟升温 6℃为标准。

● 毛线的前处理

准备物品

樱花落叶 100g
毛线 1 桄（100g）
（羊驼毛 50%，羊羔毛 50%）
明矾 6g
塔塔粉 2g
毛用中性洗涤剂 20mL

① 在毛线上系绳子，防止其缠绕

② 在约 40℃热水中加入 10mL 毛用中性洗涤剂

● 萃取樱花落叶的染液

③ 在②中浸泡 15～30 分钟后脱水，用热水漂洗。然后再脱水

④ 洗 100g 落叶

⑤ 倒入 3L 热水

⑥ 用大火煮，沸腾后再煮 15 分钟

● 用明矾先媒染

⑦ 用布和网篮过滤，萃取 1 遍液

⑧ 将使用过的樱花落叶进行同样操作，萃取 2 遍液，与 1 遍液混合

⑨ 在 60℃的 500mL 热水中溶解 2g 塔塔粉

⑩ 把⑨倒入 4L 热水中

⑪ 一边把 500mL 热水加热，一边溶解 6g 明矾

⑫ 把⑩和⑪混合，制作媒染液

⑬ 把经过前处理的毛线浸泡在热水中，轻轻地沥干水分

⑭ 把毛线放入 40～50℃的媒染液中。60 分钟达到 80～90℃。保持温度，再媒染 15 分钟

⑮ 媒染过程中，每隔10
分钟上下移动毛线

⑯ 放在竹筐箩内，沥干水
分，脱水，让毛线通风

⑰ 用热水漂洗，轻轻地沥
干水分

● **煮染**

⑱ 把染液调到 40～50℃，
放入毛线

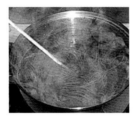
⑲ 用小火加热，60分钟达
到 80～90℃，保持温度，
再煮15分钟

⑳ 煮染过程中，每隔10
分钟上下移动毛线

㉑ 从染液中取出，沥干水
分，脱水

㉒ 通风，散热

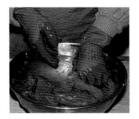
㉓ 用热水漂洗，脱水

㉔ 在4L热水中加入10mL
中性洗涤剂

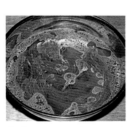
㉕ 放入毛线，皂洗10分
钟，然后脱水

㉖ 用热水漂洗，再脱水

㉗ 晒干

染毛

用金桂染毛

纤维性质决定染毛时染液、媒染液都需加热。为了防止媒染剂因高温而变化，加入称为塔塔粉的助剂。

● 萃取金桂染液

准备物品

金桂枝叶 300g
毛线 1 桄（100g）
（羊驼毛 50%，羊羔毛 50%）
铁浆液 30mL
塔塔粉 2g
毛用中性洗涤剂 20mL

① 把 300g 金桂枝叶放入盆内

② 倒入 3L 热水，用大火加热

●用铁浆先媒染

③ 沸腾后煮 15 分钟

④ 用网篮和布过滤，萃取 1 遍液

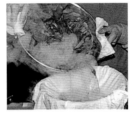

⑤ 使用该枝叶重复操作，取得 2 遍液，与 1 遍液混合。将使用过的金桂进行同样操作，萃取 2 遍液，与 1 遍液混合

⑥ 在 60℃的 500mL 热水中溶解 2g 塔塔粉

⑦ 在 4L 热水中倒入⑥

⑧ 把 30mL 铁浆液倒入⑦中，制作媒染液

⑨ 把经过前处理的毛线浸泡在热水里，轻轻地沥干水分

⑩ 把毛线放入 40 ~ 50℃的媒染液中，用小火加热。60 分钟达到 80 ~ 90℃，一边保持温度，一边再媒染 15 分钟

⑪ 媒染过程中，每隔 10 分钟上下移动毛线

⑫ 放在竹笸箩内，沥干水分，脱水

⑬ 让毛线通风，散热

⑭ 用 40 ~ 50℃的热水洗，轻轻地沥干水分

●煮染

⑮ 把染液调到 40 ~ 50℃，
放入毛线

⑯ 小火加热，60 分钟达到
80 ~ 90℃，一边保持温
度，一边再煮 15 分钟

⑰ 放在竹笸箩内，沥干水
分，脱水

⑱ 通风，散热

⑲ 用热水漂洗，脱水

⑳ 皂洗 10 分钟后，用热
水漂洗，脱水

㉑ 晒干

【染色技法】
典型染色法
蓝染

用鲜叶、靛泥、靛土染色

蓝草是染色应用范围很广的植物。有使用鲜叶染淡蓝色的方法，还有使用靛泥，将靛蓝成分浓缩而染深蓝色的方法。

另外，将蓼蓝叶堆积发酵，制成称为靛土的染料，可以染出深藏青色。

鲜叶染　　用鲜叶萃取染液后，立即迅速浸染是关键环节。

① 准备4倍于丝绸面料重量（17g）的鲜叶（68g），去掉茎

② 与1L水一起用搅拌器搅拌1分钟

③ 用细纹布过滤

④ 拧绞过滤布充分萃取染液

⑤ 在染液中加入2L水，浸染15分钟。充分移动面料

⑥ 最初是黄绿色

⑦ 逐渐变为浅蓝色

⑧ 15分钟左右变为蓝色

⑨ 水洗后用毛巾吸去水分，充分通风，晒干

靛泥　　日本称为"沉淀蓝"。可染出比靛土更蓝的色彩。小容器也可以染色。

① 从表面去除泡沫，这个泡沫叫作蓝花，染色后把泡沫再放回液体

② 把丝绸面料（17g）放入染液，浸染1分钟，在染液中移动面料

③ 把从染液取出的丝绸面料浸入水中，10分钟，充分展开通风（空气氧化）

④ 染色3次。操作与鲜叶染③同样的工序，按鲜叶染⑨的方法把面料晾干

靛土

日本称为"菜"。始于室町时代的靛土。作为日本独特的蓝染材料而发展起来。

① 从表面去除泡沫，染色后再把泡沫放回液体

② 把丝绸面料（17g）放入染液，浸染1分钟，在染液中移动面料

③ 把从染液取出的丝绸面料浸入水中，10分钟，充分展开通风（空气氧化）

④ 染色3次，操作与鲜叶染③同样的工序，按鲜叶染⑨的方法把面料晾干

靛泥的制作方法

把鲜叶连茎收割，准备5kg左右。3天完成。

① 在60～90L的容器中放入5kg捆好的带茎鲜叶

② 放上木板，其上压重石，加水至木板

③ 过2～3天，表面变成紫色

④ 用网篮把液体过滤到别的容器

⑤ 由于叶子上还残留着液体，要充分拧绞

⑥ 一边搅拌液体，一边一点一点地加入消石灰（茎叶5kg，消石灰150g）

⑦ 充分搅拌直到变为蓝色
（舀起倒回约 100 次）

⑧ 如果变成深蓝色就完成了

⑨ 放置一夜后

⑩ 用布过滤液体

⑪ 留在过滤布上的黏稠物，就是靛泥，约 400g。常温保存在密封容器中。可以保质 1 年左右

鲜叶、靛泥、靛土的建蓝

　　"建"就是发酵。通过发酵，棉和麻等可以染色，操作简单。重点是把液体的 pH 值保持在 10.5 ~ 10.8。建蓝期间，加入消石灰，维持这个 pH 值。

●鲜叶

准备物品

鲜叶（无茎）1kg
水 10L
碳酸钾 40g
消石灰

① 把鲜叶和水放入搅拌器搅拌 1 分钟，操作数次

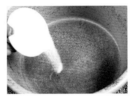
② 充分搅拌放置 1 小时后，加入 40g 碳酸钾放置一夜，加入消石灰，调整 pH值为 10.5 ~ 10.8

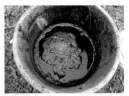
③ 4 ~ 5 天后，如果生成泡沫，就证明已经发酵

●靛泥

准备物品

靛泥 400g
饴糖 5g 或日本酒 50mL
鲜叶液（100g/ 水 1L）

① 把 400g 靛泥放在 20L 的水桶里

② 倒入 10L 水

③ 充分搅拌

④ 把③用布过滤，测量隔一夜留存于布上液体的 pH 值，如果不是 10.5，重复②~④，调整为 pH 值为 10.5

⑤ 把用水溶解的 5g 饴糖，或者 50mL 日本酒加入 pH 值为 10.5 的染液

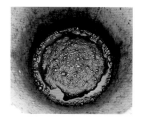

⑥把100g鲜叶（无茎）放入1L水中，用搅拌器搅拌1分钟，将其放入染液

⑦4～5天后，如果生成泡沫，就是发酵的证据，再过2～3天，则可以染色

●靛土

准备物品

靛土 3kg
栎木灰 1kg
热水 40L

①把靛土倒入水桶

②把木灰倒入①中

③倒入40L沸腾后的热水

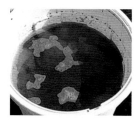

④充分搅拌

⑤刚准备好的状态

⑥4～5天后，表面出现发红薄膜，称为"泛红"

⑦一周后，如果表面生成紫色泡沫（蓝花），就可以染色了

紫根染

用紫根染小绸巾

将根反复搓揉，重复染色呈现深紫色。由于绉绸有伸缩性，浸染、媒染时需把面料充分展开移动，使其上色均匀。

● 面料的前处理

准备物品

小绸巾（绉绸）35g（45cm×45cm）
紫根 175g
山茶灰水 3L
食醋 20mL
中性洗涤剂 20mL

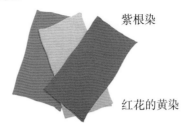

红花的红染　　紫根染　　红花的黄染

① 在2L热水中倒入5mL中性洗涤剂

● 萃取紫根染液

② 把面料浸泡在①中，放置15分钟后，脱水

③ 充分水洗，再脱水

④ 把紫根浸泡在2L水里放置一夜，倒掉浸泡的水

⑤ 在1L热水中加入5mL食醋

⑥ 在从水里取出的紫根中倒入少量⑤

⑦ 一边把⑤一点一点地倒入，一边挼揉紫根，萃取染液

⑧ 揉搓15分钟后

⑨ 用竹笸箩过滤染液

● 用山茶灰水先媒染，染紫色

⑩ 这次是把过滤出的染液用布过滤，萃取1遍液。把⑤⑥⑦的操作进行4次，萃取4L染液

⑪ 第4遍液，根非常松散

⑫ 将经过前处理的面料浸泡在3L山茶灰水中，媒染15分钟，为了整体充分媒染，要充分移动面料

⑬ 在混合1～4遍液的染液中，浸泡先媒染的面料，在染液中一边充分移动面料，一边浸染15分钟

⑭ 在使用过的山茶灰水中，再次浸泡面料

⑮ 一边充分移动面料，一边媒染 15 分钟，面料逐渐变为深紫色

⑯ 把使用过的染液加热到 60℃

⑰ 放入面料，浸染 10 分钟

⑱ 充分移动面料，使其色彩变得更深

⑲ 水洗后，阴干。（重复操作，可以染出更深的色彩）

● 山茶灰水的制作方法

① 为了不混入土，在混凝土或砖上焚烧山茶树的枝叶

② 烧好的山茶灰

③ 筛灰，去除杂质

④ 取得完全燃烧的山茶白灰 100g

⑤ 在 100g 山茶灰中倒入 40 ~ 50℃的热水 4L，放置一夜

⑥ 过滤清澈的液体

⑦ 取得约 3L 的山茶灰水（可以萃取至 4 遍液）

红花染

用红花的黄色和红色染制小绸巾

红花中含有黄色和红色两种色素，黄色用水、红色用碱性水萃取染液。黄色耐高温，但因为红色不耐高温，所以不加热染色。

● 从红花中萃取黄色染液

准备物品

小绸巾（绉绸）两块
每块 35g（45cm×45cm）
红花 100g
明矾 2g
碳酸钾 8g
柠檬酸 6g
食醋 100mL

① 在红花中倒入 2L 水，放置 2 小时

② 用布过滤

③ 将花中残留的液体挤出，萃取 1 遍液

● 染黄色

④ 在挤干的花中倒入 2L 水，放置一夜，用同样方法萃取 2 遍液，用水充分洗花

⑤ 一边把 500mL 热水加温，一边溶解 2g 明矾

⑥ 在 ⑤ 中倒入 3.5L 水，制作媒染液

⑦ 把 1、2 遍液混合，用布过滤

⑧ 把用布过滤的染液加温

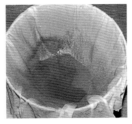

⑨ 再用布过滤，杂质留存在布上

⑩ 把前处理的面料浸泡热水后，放入染液

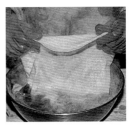

⑪ 一边充分移动面料，一边浸染 10 分钟

⑫ 轻拧，浸入媒染液，充分移动面料，媒染 10 分钟

⑬ 拧干水洗，冲洗多余的媒染液

⑭ 再浸入染液，10 分钟后重复 ⑫⑬

⑮ 把染液煮沸，最后浸染 10 分钟

● 染红色

⑯ 充分水洗后，晒干

① 在去除黄色的红花中倒入 4L 水和 8g 碳酸钾

② 放置 2 小时后，过滤

③ 充分挤花，萃取染液

④ 右侧是萃取红色素之后的花，失去了红色

⑤ 在 100mL 水中溶解 2g 柠檬酸

⑥ 把⑤倒入染液中

⑦ 把面料浸入染液，充分移动面料，浸染 10 分钟

⑧ 再把溶解了 3g 柠檬酸的 100mL 水加入染液

⑨ 浸染 10 分钟

⑩ 再把 2g 柠檬酸加入染液，表面出现细小的泡沫（液体中和状态），再浸染 10 分钟

⑪ 把 100mL 食醋倒入 2L 水中

⑫ 把面料放入⑪中（酸固色），一边充分移动面料，一边浸泡 10 分钟

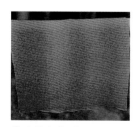

⑬ 充分水洗，阴干

叠染

染黄丹和二蓝

黄丹和二蓝是日本自古以来的色彩名称。黄丹是偏黄的鲜艳橙色，二蓝是紫色。为了染出鲜艳的色彩，在纯度高的红色素上，黄丹用栀子、二蓝用蓼蓝鲜叶进行叠染。这在叠染中也是特殊的染色方法。

由红花染成的红棉布制作红色染液

在染黄丹和二蓝之前，需准备红色染液。红色染液是用从红花染成的红棉布中再溶解提取红色素的方法取得。把120g红花浸入水中，先提取黄色素液。然后，把去除黄色的红花在加入10g碳酸钾的5L水中浸泡2小时，萃取红色染液。在该染液中加入5g柠檬酸，浸泡棉布（1m左右）10分钟，再加入4～5g柠檬酸，将pH值调整为6.5，把布浸泡一夜。在醋液（醋250mL/水5L）中浸泡10分钟，水洗、阴干。（染红色的工序照片参见第126页。但由于此处是染棉，所用量不一样，需要注意）

① 准备红棉布（约1m），碳酸钾20g，柠檬酸 16～20g，醋250mL，水5L，pH试纸

② 在5L水中加入20g碳酸钾，在pH试纸上显示为 pH 11 即可

③ 把红棉布放入（2）中。一边充分移动布料，一边浸泡10分钟，溶解提取红色素

④ 充分拧布，看到从布上掉下红色

⑤加入溶解10g柠檬酸(碳酸钾的50%）的水，pH值为7～8，可以染色

⑥ 放入柠檬酸前（左），放入后（右）。看到红色增加了

用栀子和红花染黄丹

日本称为黄丹的色彩名称，出现于701年（大宝元年）《大宝律令》的服制中，是用于皇太子袍（上衣）的色彩。为了染出纯净的色彩，以栀子染色后，用从红花中萃取的红色染液进行叠染。

① 准备丝绸面料17g，栀子46g，盆，过滤布。将丝绸面料浸泡在加入中性洗涤剂的热水（40℃）中，一边不断移动，一边浸泡约5分钟，用热水洗（3次）

②把栀子放入沸腾的热水中

③煮15分钟左右过滤（1遍液）

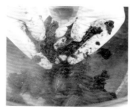

④捣碎果实再煮15分钟

⑤再次过滤染液（2遍液），把1遍液和2遍液混合

⑥将丝绸面料放入70℃的染液，浸染20分钟

⑦为了染色均匀，充分移动面料

⑧染得鲜艳的黄色，充分水洗

⑨准备刚才制作的红色染液

⑩把用栀子染的丝绸面料放入红色染液，浸染10分钟

⑪充分移动面料，色彩变红

⑫在红色染液中加入6~10g柠檬酸（pH6.5），再充分移动面料浸染10分钟，使色彩变得更红

⑬在倒入250mL醋的5L水中，浸泡10分钟，充分移动面料，染出鲜艳的黄丹色，充分水洗后阴干

用蓼蓝鲜叶和红花染制二蓝

　　平安时代夏季服装的色彩是二蓝。蓼蓝鲜叶染，是在叶子茂盛的夏季进行的染色。为了染出纯净的色彩，蓼蓝鲜叶染之后，用从红花中萃取的红色染液进行叠染。蓼蓝鲜叶染工序参见第119页。

①准备刚才制作的红色染液。把蓼蓝鲜叶染好的17g丝绸面料放入红色染液

②为了染色均匀，一边充分移动一边浸染

用蓼蓝鲜叶染制的蓝色

③ 10分钟后，面料因染上红色而变为紫色，充分拧绞

④ 在红色染液中放入 6～10g 柠檬酸（pH6.5），再充分移动面料浸染 10 分钟

⑤ 紫色逐渐变深

⑥ 在倒入 250mL 醋的 5L 水中浸泡 10 分钟，充分移动面料，染成发蓝的紫色，充分水洗后阴干

叠染技法

在蓼蓝鲜叶染的面料上，叠染红花红色素而成的二蓝色。

这里介绍了特殊的叠染方法，但基本叠染方法是用打底的染料"染色→媒染→染色"，再用重叠的染料同样"染色→媒染→染色"。其后，作为后媒染，有时将面料浸泡在草木灰水或石灰水中。

桃染

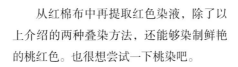

从红棉布中再提取红色染液，除了以上介绍的两种叠染方法，还能够染制鲜艳的桃红色。也很想尝试一下桃染吧。

用栀子染制的黄色。

① 准备红色染液

② 把 17g 丝绸面料在红色染液中浸染 10 分钟

③ 在红色染液中加入 6～10g 柠檬酸，再浸染 10 分钟（pH 6.5）

在栀子染的面料上，叠染红花红色素而成的黄丹色。

④ 染成漂亮的桃红色

⑤ 在放入 250mL 醋的 5L 水中浸泡 10 分钟，不断移动面料，充分水洗后阴干

【叠染色彩样本】
日本色

在日本奈良县正仓院收藏着大量珍宝，历经千百年岁月依然色彩艳丽，说明当时就已经拥有高度发达的染色技术。日本留存至今的珍贵染色技术资料，有平安时代中期集律令实施细则之大成者《延喜式》，在其"缝殿寮"中"杂染用度"条目下，详细记载着色彩名称和染色材料等。另外，江户时代的染色指南，有初期的《当世染物鉴》、中期的《诸色手染草》、后期的《染物秘传》等。这里介绍的日本色，就是参考这些文献资料染制而成。

黄栌染

（染料）
黄栌（面料重量的3倍，山茶灰水媒染，山茶灰为面料重量的2倍）

（染料）
苏木（面料重量的2.5倍，山茶灰水媒染，山茶灰为面料重量的2倍）

　　黄栌染被认为始于平安时代前期，是天皇在盛大仪式中穿着的袍服色彩。参考《延喜式》中的"绫一定，栌十四斤，苏芳十一斤，酢二升，灰三斛，薪八荷"（译者注：栌即黄栌，苏芳即苏木）。把黄栌（心材）以山茶灰水媒染进行染色，用苏木的山茶灰水媒染进行叠染而成。黄栌是指栌（山栌），用山茶灰水媒染，染成偏棕的黄色。这种色彩与苏木山茶灰水媒染出的偏蓝红色进行叠染，能够染出深紫的胭脂色。

黄丹

栀子（面料重量的2.6倍，无媒染）

红花的桃染（面料重量的7.1倍，无媒染）

　　黄丹是发红的橙色，被称为曙光太阳色。它被记载于奈良时代施行的基本法令《养老律令》之"衣服令"内。据此，该色是皇太子的袍服色彩。参考《延喜式》中的"红花大十斤八两。支子一斗二升。酢一斗。麸五升。蒿四围"（译者注：支子即栀子）。在栀子无媒染的色彩上，用红花的桃染技法叠染而成。栀子、红花都有荧光成分，染出的橙色极为鲜艳。

青白橡

青茅（面料重量的2倍，山茶灰水媒染，山茶灰为面料重量的一半）

紫草（面料重量的1倍，山茶灰水媒染，山茶灰为面料重量的一半）

　　青白橡的色彩是偏棕的黄绿色，日本也将其称为"曲尘"。曲尘指曲霉。它是天皇的褻（日常）袍之色，是具有神秘感的色彩。参考《延喜式》中的"绫一定，刈安草大九十六斤。紫草六斤。灰三石"（译者注：刈安草即青茅）。在青茅以山茶灰水媒染出的色彩上，用紫草的山茶灰水媒染进行叠染而成。由于紫草用明矾媒染可染得发红的紫色，用其叠染的绿色过于偏棕。偏蓝的紫色是必须使用山茶灰水才能媒染出的色彩。

茜染

（染料）
青茅（面料重量的 1 倍，明矾媒染）

（染料）
苏木（面料重量的 1 倍，明矾媒染）

参考江户时代的染色指南《诸色手染草》中的"用青茅和苏木染，于苏木汁中加入少量明矾，染为佳"。用青茅的明矾媒染和苏木的明矾媒染进行叠染而成。苏木的红发蓝，用青茅的黄色重叠，变成接近茜色的色彩。江户时代以苏木代替茜草使用。我赞同这是由于茜染技术失传的说法。

* 介绍的色彩样本数据，参见第 17 页的"使用量"；明矾媒染、铁浆媒染的媒染剂使用量，参见第 17 页的"关于媒染剂"。

藤色煤竹

槟榔（面料重量的 2 倍，铁浆媒染）

苏木（面料重量的一半，草木灰水、铁浆媒染）

偏棕的藤色。所谓煤竹色，是指与煤烟竹色相似的深褐色。参考《当世染物鉴》中的"槟榔子汁薄染打底，加入少量铁浆染，晾干为佳。另，加入少量茜、灰汁、铁浆"。铁浆媒染槟榔、草木灰水媒染苏木后，再用铁浆媒染叠染而成。这种带"煤竹"的色彩名称，流行于江户时代前期至中期。

红郁金

姜黄（面料重量的 1 倍，无媒染）

红花的桃染（面料重量的 7 倍，无媒染）

红郁金即鲜艳的偏黄橙色（译者注：日本把姜黄称作郁金），是如耀眼太阳般的色彩。参考《诸色手染草》中的"用姜黄汁染打底，其上染红"。即用姜黄无媒染打底后，用从红花染成的红棉中溶解提取红色素的桃染技法叠染而成。日本作为衣里用的称为红绢的平纹丝绸，也是在姜黄等染制的黄色上用红叠染而成。也有文献记载用苏木代替红花进行染色。

桧皮色

杨梅（面料重量的 2/5，明矾媒染）

苏木（面料重量的 3/10，明矾媒染）

像桧皮那样的红褐色。参考《诸色手染草》中的"用杨梅汁染，以苏木中染。少许明矾入水，搅动染色为佳"。在杨梅的明矾媒染的色彩上，用苏木的明矾媒染进行叠染而成。因为染出的色彩明显偏红，所以我认为江户时代中期是把刚剥下桧皮的内皮色视为桧皮色。用杨梅打底的苏木色彩遇潮湿不易变色。

焦茶

（染料）
梅（面料重量的3倍，铁浆媒染）

（染料）
杨梅（面料重量的2/5，铁浆媒染）

好像物品烤焦了那样的偏红的黑棕色。参考《诸色手染草》中的"染梅屋涩，用杨梅中染。加入少量石灰和铁浆以固色，于水中搅动染色为佳"（译者注：梅屋涩色为在梅汁中加入榛树皮染制而成）。以梅的铁浆媒染和杨梅的铁浆媒染叠染后用石灰媒染而成（石灰是使用消石灰）。如果铁浆媒染后用石灰媒染，偏紫或偏绿的色彩就会变为偏棕色。

蒲色

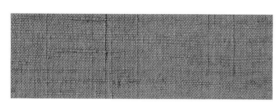

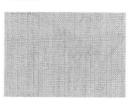

青茅（面料重量的一半，明矾媒染）

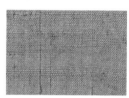

梅（面料重量的3倍，明矾媒染）

近似于水草香蒲花穗色彩的红褐色。参考《染物秘传》中的"青茅染、用梅皮汁染，加入少量石灰染。再于青茅中加入明矾染。在盆中注水，加入少量石灰染"。在青茅明矾媒染的色彩上叠染梅的明矾媒染后，再用石灰媒染而成。用明矾媒染可染得浅棕色的染料，如果用石灰媒染则变为棕色。但是，因为石灰是碱性，有时会损坏丝绸的质感。

＊可以用碳酸钾（1L水用2g）代替石灰。石灰是1L水用1g左右。

【叠染色彩样本】
蓝的变化

染蓝色的染料，除了海州常山的果实和蓝草以外，就找不到别的了。蓝草的种类有蓼蓝、琉球蓝、印度蓝等。如果有蓝色，与黄或红染料叠染，就能够染出绿、紫、棕、黑等色彩，因而在草木染中蓝染是不可缺少的。据说用蓼蓝制造靛土始于室町时代末期。在奈良、平安时代，人们使用蓝鲜叶染，或者由鲜叶制作靛泥、发酵建蓝染色。由于使用蓝鲜叶染出的色彩纯净亮丽，适合染制浅蓝色，而染制从中间色到深色，使用靛土和靛泥的发酵建蓝染比较好。印度蓝染色比靛土更蓝。

深绿

（染料）
蓼蓝（靛土发酵建蓝）

（染料）
青茅（面料重量的2倍，明矾媒染）

　常绿树那样的深绿色。是用靛土发酵建蓝染色后，用青茅明矾媒染进行叠染而成。通过改变蓝染液浓度，可以从蓝绿色染到黄绿色，但要染纯正绿色，最好使用彩度最高的缥色（高明度浅蓝色）。《延喜式》中有"深绿，蓝十围。苅安草大三斤。灰二斗。薪二百卌斤"。古代不是用明矾媒染，而是用山茶灰染色。围是数量单位，大约相当于1.2m绳捆的粗度。蓝十围，即大约20kg的新鲜蓼蓝。

浅绿

黄檗（面料重量的1倍，无媒染）

蓼蓝鲜叶（面料重量的2倍，无媒染）

　浅绿色是用黄檗的无媒染染色，用蓼蓝鲜叶进行叠染而成。在鲜艳的黄檗黄色上，慢慢染上蓝色，变为清爽的黄绿色。在染色过程中，色彩就像渐渐涌现出来一样，令人欢欣雀跃。黄檗被太阳一晒就变为偏棕的色彩，需要注意。《延喜式》中有"浅绿 蓝半围。黄檗二斤八两"。由于是使用半围蓝（约1kg）染一匹绫，由此可以认定，当时是用蓼蓝鲜叶染色。

萌葱

蓼蓝鲜叶（面料重量的一半，无媒染）

苅草（面料重量的3倍，明矾媒染）

　黄绿色是从草木萌芽色彩而来的名称。是用蓼蓝鲜叶染浅蓝色，用苅草明矾媒染进行叠染而成。使用夏天抽穗前的苅草染色。也可以用槐代替苅草叠染。在黄染中，黄檗广为人知，但拥有耐晒色素结构的苅草、槐、青茅色牢度较高，更具实用价值。

二蓝

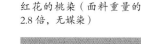

蓼蓝和红花叠染出的紫色，是平安时代的夏服色彩。蓝泛指"染料"，因为是青蓝与红蓝（红花）叠染而成，所以称为二蓝。为了染出纯净色彩，用从红花染的红棉中，溶解提取红色素的桃染技法叠染而成。使用蓼蓝鲜叶没有染色顺序限制，但使用发酵建蓝时，要先染蓝色。这是因为建蓝染液是碱性，能够溶解红花的红色素。

桔梗色

蓝（靛土发酵建蓝）（无媒染）

胭脂虫（面料重量的1/10，明矾媒染）

近似于桔梗花的偏蓝紫色。《诸色手染草》中使用蓼蓝、苏木明矾媒染，《当世染物鉴》中也有称为"似桔梗"的色彩名称，同样记载用蓼蓝、苏木明矾媒染进行染色。在江户时代，因为禁止庶民穿紫根染的衣服，所以人们用蓼蓝和苏木叠染染出称为"似紫"的紫色。用靛土染出浅蓝色，再用比苏木难于变色的胭脂虫明矾媒染进行叠染。

蓝鼠

蓝茎（面料重量的3倍，铁浆媒染）

蓼蓝鲜叶（面料重量的1倍，无媒染）

发蓝的灰色。《染物早指南》中有"唐蓝，少许墨，石灰水，豆汁"，即用蓼蓝和墨染色。由于使用了豆浆，推测可能是用刷染方法染色的吧。用煮蓝茎铁浆媒染代替墨染灰色，再用蓼蓝鲜叶进行叠染。由于蓼蓝鲜叶染不使用茎，用其扦插就可以栽培。或者，像这次一样染灰色等，最好进行有效利用。

宪法染

蓼蓝（靛土发酵建蓝）（无媒染）

杨梅（面料重量的4/5，铁浆媒染）

偏绿的黑色，《当世染物鉴》中记述以蓼蓝染成花色（鸭跖草那样的色彩）后，用杨梅铁浆媒染进行叠染。这个色彩名称，由剑术家第4代传人吉冈真纲（号宪法）的人名而来。据说吉冈一族作为足利将军的剑术指导师而闻名，但在大坂冬季战役中追随丰臣一方，其后以战败为耻而舍弃兵法，专心致力于家传的染物业。

槟榔子染

（染料）

蓼蓝（靛土发酵建蓝，无媒染）比泥染的面料更结实，不易撕裂

（染料）

槟榔（面料重量的1倍），石榴皮（面料重量的1倍），五倍子（面料重量的2/5，铁浆媒染）

　　日本江户时代《万宝鄙事记》中记载了它比泥染的面料更结实，不易撕裂，先用蓼蓝染"空色"（明亮的蓝色），再将槟榔子、石榴皮、五倍子一起砸碎，煎煮萃取染液进行染色的方法。以此为参考，用靛土建蓝染出空色后，将3种染料一起煮出染液，用铁浆媒染进行叠染而成。以蓼蓝的蓝色、槟榔子的红色、石榴皮的黄色、五倍子的紫色混合色彩，可以得到深黑色。

蓝御纳户

印度蓝（发酵建蓝）（无媒染）

灯台树（面料重量的3倍，铁浆媒染）

　　偏蓝的黑色。其色名来自"纳户"（暗房间）。《染物早指南》中记载以蓝染的中色（稍微深的蓝色）打底，用栀木铁浆媒染进行叠染的染色方法。以此为参考，用比靛土更蓝的印度蓝染中色，用灯台树代替栀木铁浆媒染进行叠染。同书中的"铁御纳户"用相同方法染色，但蓝染打底的"空色"稍浅。"铁色"是烧烤过的铁皮色彩。

【叠染色彩样本】
色彩的变化

在草木染中，一种染料能够染出的色彩有限，故常把不同染料重叠染色，从而产生多种多样的色彩，这种方法古来有之。关于叠染，首先要辨别各种染料的性质。为了提高叠染的实用性，先染色牢度弱的染料，后重叠色牢度强的染料，可以有效提高色牢度。另外，即使同一种面料，也可以通过叠染新染料而重新染出与季节相应的色彩。用同一种染料进行重复染色，在增加色彩深度的同时，面料还可以呈现不同的质感。

小豆色

（染料）

胭脂虫（面料重量的3%，明矾媒染）

（染料）

桤木（面料重量的一半，明矾媒染）

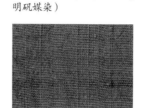

红小豆那样偏紫的红棕色。用胭脂虫，从鲜艳的桃红色染成称为红梅色的偏蓝的红色。我认为它与初春至盛夏的自然色彩极为契合。进入秋天，如果在胭脂虫染出的色彩上叠染棕色系色彩，就会呈现沉稳宁静的秋色。可用胭脂虫明矾媒染和桤木明矾媒染进行叠染。红小豆因红豆饭等食品广为人知，它作为色彩名称始于江户时代，现代也还经常使用。

鸠羽鼠

桤木（面料重量的一半，铁浆媒染）

胭脂虫（面料重量的3%，铁浆媒染）

稍微发棕的山鸠羽毛色彩。《染物早指南》中记述鸠羽灰色用桤木、苏木的铁媒染方法染色。在桤木铁浆媒染可染出的色彩上，用胭脂虫铁浆媒染代替苏木，叠染成偏蓝的紫灰色。苏木铁浆媒染被用作染"似紫"，代替真正的紫色。江户时代前期染色指南《万闻书秘传》中记载"苏芳，明矾，含铁明矾，烟草叶，灰汁"。

赤紫

胭脂虫（面料重量的3%，明矾媒染）

洋苏木（面料重量的1/10，明矾媒染）

胭脂虫和洋苏木都原产于中南美洲。洋苏木是由心材染出紫色的珍贵染料，用明矾媒染可染出偏蓝的暗紫色。它与胭脂虫叠染，能够染出浓重的红紫色。胭脂虫耐晒，即使浅色也不易褪色，但洋苏木不耐晒。不过，洋苏木一浸入酸性液体就变为棕色，而胭脂虫通过加醋煮萃取的染液呈酸性。所以，这两种染料重叠染色时，先染胭脂虫比较好。

桃染

（染料）
胭脂虫（面料重量的3%，明矾媒染）

（染料）
红花的桃染（面料重量的7倍，无媒染）

 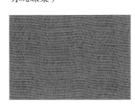 

桃染是指染出的色彩如桃花。用水从红花中萃取出黄色素后，再用碱水萃取红色素，但红色素液中还含有少量黄色素。丝绸能够染上这些黄色素，不能染出桃红色，因而使用不容易染着黄色素的棉先染，再从棉上溶解提取出纯正的红色素。这就是红花的桃染技法。其色彩非常鲜艳，但易褪色发黄，故常与胭脂虫明矾媒染进行叠染。先染胭脂虫，后染不耐高温的红花。

甚三红

西洋茜（面料重量的1倍，无媒染）

红花的红染（面料重量的3倍，无媒染）

相当于中等红丝绸的偏黄红色。江户时代，拥有经济实力的商人争相穿着华丽服装。与紫根染一样，日本幕府也禁止红花染。因此，江户时代前期著名染色工匠桔梗屋甚三郎用近似红花的苏木或茜草染色，深受人们喜爱，所染色彩被称为"甚三红"。在西洋茜染出的色彩上用红花叠染，变成鲜艳的深红色。先染西洋茜，后染不耐高温的红花。

黄

青茅（面料重量的1倍，明矾媒染）

黄檗（面料重量的一半，无媒染）

 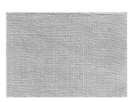 

自古黄色用青茅或黄檗染制而成。《延喜式》中有"深黄，苅安草大五斤。灰一斗五升。薪六十斤"。使用青茅山茶灰水媒染。青茅明矾媒染出稍微发棕的黄色。黄檗含有荧光物质，能够染出发绿的鲜艳黄色，因而叠染变为深黄色。青茅耐日晒，但黄檗日晒变为偏棕的黄色。

柿涩色

西洋茜（面料重量的2倍，明矾媒染）

柿漆（面料重量的4倍，无媒染）

柿涩色是用柿漆和铁丹染制而成，为暗淡的黄赤（红棕）色，在日本俗称"团十郎茶色"。柿漆是色牢度高的实用性涂料，用于染制团扇、和伞、雨衣、包装纸、渔网、酒袋等。染得深棕色，清爽明丽。用西洋茜明矾媒染代替铁丹打底，用柿漆无媒染进行叠染而成。在柿漆液中浸泡之后晾干、水洗。

猩猩绯

（染料）

槐（面料重量的 3/10，明矾媒染）

（染料）

西洋茜（面料重量的 2 倍，明矾媒染）

　　鲜艳的发黄红色。所谓猩猩，是古代中国想象出像猴子的灵兽，认为其血极为鲜红。桃山时代，西洋人把鲜红的毛织物带到日本。进口的罗纱和天鹅绒被做成披肩，成为新颖的时尚设计。这种毛织物的色彩，据说是由红蚧、胭脂虫、紫胶等介壳虫染制的。用槐明矾媒染和西洋茜明矾媒染进行叠染而成。

鸢

青茅（面料重量的 2 倍，明矾媒染）

西洋茜（面料重量的 2 倍，铁浆媒染）

　　像鸢羽毛的偏红深棕色。关于鸢色染，在《诸色手染草》中记载"杨梅、苏木、明矾、山茶灰水"，在《染物秘传》中记载"梅皮、苏木、铁浆、明矾"。说起鸢色，日本的秋田八丈织物众所周知。1814 年，秋田藩（也称为久保田藩）委托产业发展者石川泷右卫门指导养蚕，并设置丝绸官署进行纺织品开发。从那时起，秋田八丈的鸢色一直是用玫瑰根染制而成。

【叠染色彩样本】
媒染的变化

在草木染中，同一种染料因改变媒染剂能够染出不同色彩。即便只使用明矾和铁浆两种媒染剂，如果与不同染料组合搭配进行叠染，也能够染出多种多样的色彩。染料和媒染的顺序、浓度，也与组合搭配关系密切。日本元禄九年（1696年）编纂的《当世染物鉴》中记载：把杨梅用铁媒染成海松茶色，用草木灰水和铁媒染成殿茶色，用铁和草木灰水媒染成唐茶色，用铁、草木灰水、石灰水媒染成昆布茶色，用石灰媒染成玉子煤竹色，用铁和明矾媒染成柳竹煤色。即使只用杨梅一种染料，通过变化媒染剂就能够呈现如此丰富的色彩变化。

媒染剂	特征
明矾	是与煮出时染液色接近的色彩，由于媒染色彩变深，可染得黄、黄棕、红、紫、浅棕、红棕等色彩
铁浆	染得红色系的棕褐色，黄色系的绿褐色，棕色系的灰色、棕褐色、紫褐色、黑棕色、紫黑色
明矾＋铁浆	明矾媒染后，如果以铁浆媒染则变为中间色彩，但如果顺序相反，则变为接近铁浆的色彩
铁浆＋石灰 石灰＋铁浆	把用铁浆媒染染出的绿褐色和紫褐色、紫黑色，再用草木灰水或石灰水进行媒染的话，就变成棕褐色、黑棕色

红花（黄色）和胭脂虫

红花（黄色）（面料重量的3倍，使用1、2遍液），胭脂虫（面料重量的1/10，使用1、2遍液）

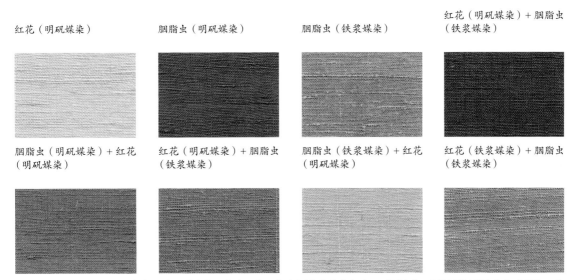

红花（明矾媒染）　　胭脂虫（明矾媒染）　　胭脂虫（铁浆媒染）　　红花（明矾媒染）+胭脂虫（铁浆媒染）

胭脂虫（明矾媒染）+红花（明矾媒染）　　红花（明矾媒染）+胭脂虫（铁浆媒染）　　胭脂虫（铁浆媒染）+红花（明矾媒染）　　红花（铁浆媒染）+胭脂虫（铁浆媒染）

红花含有溶于水的黄色素和溶于碱水的红色素。染红色必须先萃取黄色素，不要浪费，最好利用其染黄色或叠染。在红花的黄色（明矾媒染）和胭脂虫（明矾媒染）的组合搭配中，先染红花偏红色，后染则偏黄色，由此得知染色顺序对色彩有影响。红花（明矾媒染）和胭脂虫（铁浆媒染）也因染色顺序而产生色彩差异。

印度茜和苏木　苏木（面料重量的1倍，使用1、2遍液），印度茜（面料重量的1倍，使用1、2遍液）

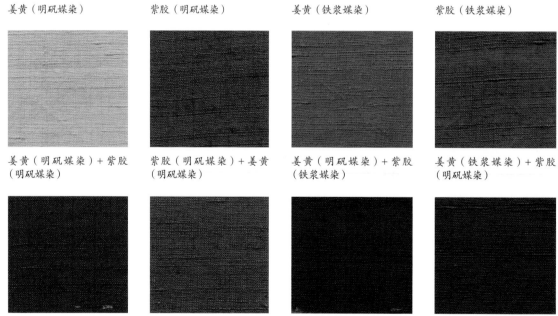

印度茜（明矾媒染）　苏木（明矾媒染）　印度茜（铁浆媒染）　苏木（铁浆媒染）

苏木（明矾媒染）＋印度茜（明矾媒染）　印度茜（明矾媒染）＋苏木（明矾媒染）　苏木（铁浆媒染）＋印度茜（铁浆媒染）　印度茜（铁浆媒染）＋苏木（铁浆媒染）

　　印度茜用明矾媒染偏棕色，但如果与苏木明矾媒染重叠，无论哪个先染都染成深红色。用铁浆媒染苏木偏棕色，但如果重叠则染成紫褐色。苏木不耐晒，印度茜耐晒。苏木和印度茜，无论明矾媒染还是铁浆媒染，哪个在先色彩都几乎一样，最好先染容易掉色的苏木。

姜黄和紫胶　姜黄（面料重量的1倍，使用1遍液），紫胶（面料重量的1倍，使用1、2遍液）

姜黄（明矾媒染）　紫胶（明矾媒染）　姜黄（铁浆媒染）　紫胶（铁浆媒染）

姜黄（明矾媒染）＋紫胶（明矾媒染）　紫胶（明矾媒染）＋姜黄（明矾媒染）　姜黄（明矾媒染）＋紫胶（铁浆媒染）　姜黄（铁浆媒染）＋紫胶（明矾媒染）

　　江户时代，姜黄被用于叠染。姜黄染得鲜艳黄色，但用铁浆媒染则变为棕色。用姜黄（明矾媒染）和紫胶（明矾媒染）组合搭配，姜黄先染偏红色，后染则偏黄色。由此得知，组合搭配的染色顺序对色彩也有影响。姜黄不耐晒，有时作为草药服用，有时又作为染料染制防虫用的包袱巾。

板栗和梅

板栗带刺外壳（面料重量的1倍，使用1、2遍液），梅干材（面料重量的3倍，使用1、2遍液）

板栗（铁浆媒染）

梅（无媒染）

板栗（铁浆媒染＋草木灰水）

梅（无媒染＋草木灰水）

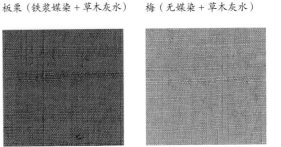

板栗（铁浆媒染）＋梅（无媒染）

板栗（铁浆媒染）＋梅（无媒染）用草木灰水媒染

　　像带刺外壳和梅干材那样的棕色系染料，很多用铁浆媒染变为紫褐色。想要染出这种偏紫棕色，用草木灰水或石灰水后媒染比较好。板栗铁浆媒染从紫褐色到紫黑色，但一浸入草木灰水就变成棕褐色。梅（无媒染）也一浸入草木灰水就变为偏棕的色彩。板栗（铁浆）和梅（无媒染）的叠染，如果浸入草木灰水，就变成更偏棕的色彩。

杨梅和五倍子

杨梅树皮（面料重量的2/5，使用2、3遍液），五倍子（面料重量的1/10，使用2、3遍液）

杨梅（明矾媒染）

杨梅（明矾＋铁浆媒染）

杨梅（铁浆媒染）

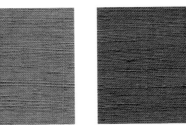

五倍子（铁浆媒染）

杨梅（明矾媒染）＋五倍子（铁浆媒染）

杨梅（明矾＋铁浆媒染）＋五倍子（铁浆媒染）

杨梅（铁浆媒染）＋五倍子（铁浆媒染）

　　《诸色手染草》中有"千岁茶 用杨梅汁染。在五倍子和铁浆中加入明矾染色为佳"的记载。在日本江户时代，人们已掌握把明矾和铁浆进行组合媒染的染色技术。杨梅明矾媒染、明矾和铁浆媒染、铁浆媒染，所染色彩皆不同，即使叠染五倍子也有微妙差异。在日本，把长青松那样的浓重暗绿色称为"千岁绿"，把偏棕色的暗绿褐色称为"千岁茶"。

参考文献

[1] 林弥栄. 日本の野草［M］. 東京: 山と渓谷社, 1983.

[2] 林弥栄. 日本の樹木［M］. 東京: 山と渓谷社, 1985.

[3] 新村出. 広辞苑（第三版）［M］. 東京: 岩波書店, 1984.

[4] 寺島良安. 東洋文庫: 和漢三才図会［M］. 東京: 平凡社, 1992.

[5] 長田武正. 日本帰化植物図鑑［M］. 東京: 北隆館, 1974.

[6] 牧野冨太郎. 牧野新日本植物図鑑［M］. 東京: 北隆館, 1989.

[7] 和久博隆. 仏教植物辞典［M］. 東京: 国書刊行会, 1980.

[8] 田村道夫. 生きている古代植物［M］. 大阪: 保育社, 1974.

[9] 小野蘭山, 島田充房. 生活の古典双書: 花彙（上・下）［M］. 東京: 八坂
      書房, 1977.

[10] 木村陽二郎. 草木辞苑［M］. 東京: 柏書房, 1988.

[11] 西岡直樹. インド花綴り: 印度植物誌（正・続）［M］. 東京: 木犀社,
      1988.

[12] 渡辺清彦. 植物分類学［M］. 東京: 風間書房, 1976.

[13] 林孝三. 植物色素［M］. 東京: 養賢堂, 1980.

[14] 上野景平. 入門キレート化学［M］. 東京: 南江堂, 1978.

[15] 木戸猪一郎. 繊維材料各説［M］. 東京: 三共出版, 1979.

[16] 山口昭彦. 身近な薬用ハンドブック［M］. 東京: 婦人生活社, 1994.

[17] 木村康一, 木村孟淳. 原色日本薬用植物図鑑［M］. 大阪: 保育社,
      1984.

[18] 木島正夫, 柴田承二, 下村孟, 等. 廣川薬用植物大事典［M］. 東京: 廣
      川書店, 1968.

[19] 玉虫文一, 富山小太郎, 小谷正雄, 等. 岩波理化学辞典［M］. 東京: 岩
      波書店, 1978.

［20］長崎盛輝. 譜説：日本傳統色彩考［M］. 京都：京都書院，1996.

［21］長崎盛輝. 日本の傳統色［M］. 京都：京都書院，1996.

［22］吉岡幸雄. 日本のいろ［M］. 京都：紫紅社，1995.

［23］吉岡幸雄. 色の歴史手帳［M］. 京都：PHP 研究所，1996.

［24］福田邦雄. 日本の伝統色［M］. 東京：読売新聞社，1995.

［25］後藤捷一，山川隆平. 染料植物譜［M］. 京都：はくおう社，1972
（再版）.

［26］山崎斌. 日本草木染譜［M］. 京都：染織と生活社，1986.

［27］山崎青樹. 草木染日本の色：百二十色［M］. 東京：美術出版社，1982.

［28］山崎青樹. 草木染染料植物図鑑［M］. 東京：美術出版社，1992.

［29］山崎青樹. 草木染染料植物図鑑（続）［M］. 東京：美術出版社，1995.

［30］山崎青樹. 草木染染料植物図鑑（続々）［M］. 東京：美術出版社，1996.

［31］山崎青樹. 草木染日本色名事典［M］. 東京：美術出版社，1989.

［32］山崎和樹. はじめての草木染：麻を染める［M］. 東京：美術出版社，
1985.

［33］吉岡幸雄. 日本の色辞典［M］. 京都：紫紅社，2000.

［34］小橋川順市. 沖縄島々の藍と染色［M］. 京都：染織と生活社，2004.

［35］山崎和樹. 自然の色を楽しむ：やさしい草木染［M］. 東京：日本放送出
版協会，2003.

［36］山崎和樹. 草木染の絵本［M］. 東京：農文協，2006.

［37］山崎和樹. 藍染の絵本［M］. 東京：農文協，2008.

［38］Jenny Balfour-Paul.Indigo［M］. London: British Museum Press,1998.

［39］Dominique Cardon. Natural Dyes: Sources,Tradition,Technology and Science
［M］. London: Archetype Publications Ltd.,2007.

后记一

从前，全世界人们穿着的衣服，都是用天然染料染成的。虽说是从前，化学合成染料的发明也就是大约 160 年前的事情。在日本，化学染料在明治中期开始发展起来，到昭和初期，几乎取代了全部天然染料。

在当时情况下，我的祖父山崎斌（已故）倡导复兴天然染料的染色方法，1930 年为了区别于化学染料的染色技术，把使用天然染料的染色工艺命名为"草木染"，并开始了日本传统色的复原研究。

我的父亲山崎青树（已故）、叔叔桃吕和篆崎节，继承和发展了草木染研究，通过著书和展览等发表研究成果。第 3 代的我和弟弟树彦也继承了这项工作，如今已经过去了 30 年。

我不仅参加作品展览，还希望通过实际体验染色了解草木染的魅力，故此从 1986 年开始举办讲习会。在作品展览会和讲习会上认识了很多人，大家关于草木染的建议，对我的研究很有帮助。

我 10 年的研究成果，体现于 1997 年出版的《草木染：染四季自然之色》。截止到 2009 年，这本书已经 8 次印刷发行。在此，对提供精彩照片的摄影家富成中夫先生（已故）和大久保忠男先生、熊田达夫先生，对撰写简明植物备忘录的石井由纪先生，对设计师中野达彦先生，对承蒙指教该书整体结构的山和溪谷社木村和也先生（已故）及水迫尚子先生，表示真挚的感谢。

我多次参加在海外举办的天然染色国际会议（2000 年韩国、2002 年美国、2006 年印度、2008 年韩国、2011 年法国、2012 年中国），进行草木染的研究成果发表、作品展示和研讨，这本书受到了不懂日语的外国朋友的高度好评。

此次出版《草木染：染四季自然之色》的新版，增加了 17 年（1997~2014 年）中的研究成果。对摄影家细岛雅代先生、设计师松泽政昭先生、古代织物研究家中岛洋一先生、山和溪谷社的冈山泰史先生以及这次仍然负责编辑的水迫尚子先生，还有协助研究的草木工房的助手们和讲习生们，表示衷心的感谢。

今后，如果这本书能成为从事草木染朋友的向导，并且对已经在做草木染的诸位也能提供一些帮助的话，那就没有比这更让我高兴的事情了。

山崎和树

2014 年冬

后记二

日本有田遗址（福冈县）出土了公元前 150~公元前 100 年的日本最古老的丝绸，据说养蚕技术就是那个时候从中国传入日本的。从吉野里遗址（佐贺县）出土的公元元年~公元 100 年的丝绸经纬线中，分别检测出了日本茜和贝紫，根据织物密度等又推测出是日本生产的丝绸。603 年，圣德太子将冠色按照"紫、蓝、红、黄、白、黑"的顺序划分等级，制定了冠位十二阶。据推测，7世纪日本已经有了高超的染色技术，而这些染色技术都是从中国、朝鲜传播而来的。另外，由于从中国传入的光亮柔美丝绸具有很好的染色效果，使得天然染色技术在日本得到继承和发展，一直延续至今。

21 世纪，保护自然环境与谋求发展同等重要，如何更好与自然共存成为摆在我们面前的大课题。我认为，可以重新审视天然草木染色的传统优势，提倡"为感谢自然的恩惠而生活"，这与我们的日常生活息息相关。

这次能够在草木染的根源地——中国，出版《草木染：染四季自然之色》的新版，我感到非常荣幸。向为本书出版竭尽全力的清华大学杨建军老师，向香港梦周文教基金会和上海金泽工艺社的相关人士，表示深深的感谢！如果这本书能为关心草木染的中国朋友们提供帮助，我会感到非常高兴！

山崎和树

2019 年夏

译者的话

多年前，我们在导师常沙娜教授指导下，对敦煌历代服饰图案体现的染织工艺展开研究。在搜集整理和比对分析实物资料过程中，丰富的古代绝美色彩越来越吸引我们深究染色技艺。然而，当时生活中早已难觅手工染坊，文献记载多简略而概括，百度搜索尚没有一条相关信息，复原研究难以深入和细化。

2008年受国家留学基金管理委员会派遣，赴日本东京艺术大学访学，得以凭借日本相关成果继续推进研究。2012年受中国美术家协会派遣，专程赴日本研究草木染材料与工艺，承蒙山崎和树老师周密安排，先后在他任教的日本东北艺术工科大学和他主持的日本草木染研究所柿生工房全过程体验研究。期间，跟随山崎老师造访了赤崩草木染研究所、草木染月明塾、松原染织工房等多家民间草木染工房观摩学习。在日本，仿佛看到了我国那些古代绝美色彩诞生的瞬间。

山崎和树老师承父业，长期致力于草木染研究。1997年总结研究成果，出版了《草木染：染四季自然之色》。2014年出版《草木染：染四季自然之色》的新版时，增加"培育色彩""叠染"等新研究成果，内容更加丰富。很高兴机缘成熟，使该书的中文版得以问世（经作者同意，略调整书名）。非常感谢原书作者山崎和树老师的全力支持！非常感谢香港志莲净苑文化部李葛夫老师、徐有仆小姐的热心帮助！

最后，本书能够顺利出版，要特别感谢香港梦周文教基金会和上海金泽工艺社的鼎力相助，对张颂义、梅冰巧伉俪长期资助文化教育发展事业的善举深表敬意！同时，还要真诚感谢中国纺织出版社有限公司，感谢李春奕编辑的辛勤付出！

愿本书能为中文圈的挚爱草木染的朋友们带来好心情！

杨建军　崔岩

2021年2月6日

● 作者介绍

山崎和树　草木染研究者　染色工艺家

1957 年，生于日本群马县高崎市。1982 年，毕业于日本明治大学农学研究系，获得硕士学位，随父亲山崎青树（群马县重要无形文化财产保持者）开始草木染研究。为了草木染研究和普及，1985 年创建了草木染研究所柿生工房（草木工房），并开始举办草木染讲习会。2002 年，毕业于日本信州大学工学系，获得博士学位。2008 年 4 月 ~2013 年 3 月，任日本东北艺术工科大学美术系副教授。

参加了多次相关天然染色国际会议（2000 年韩国、2002 年美国、2006 年印度、2008 年韩国、2011 年法国、2012 年中国、2014 年中国、2016 年墨西哥、2018 年日本、2019 年中国），发表研究成果，并进行作品展示和学术研讨。

在日本出版著作《草木染绘本》（农山渔村文化协会）、《蓝染绘本》（农山渔村文化协会）、《草木染：染四季自然之色》（山和溪谷社）、《草木染手册：染毛植物图鉴》（文一总合）等。

草木染研究所柿生工房（草木工房）主理人。

关于草木染研究所柿生工房（草木工房）

http://yamazaki-kusakizome.com/

草木染讲习会：根据季节选择植物染料，讲授染丝线、染丝绸、染毛和从图案到染色的型染艺术。

讲习时间：每月前两周的星期二 ~ 星期六

10:30 ~ 16:00（各星期的课程内容不同）

富成忠夫

1919 年，生于日本山口县下关市。1942 年，日本东京美术大学（现东京艺术大学）毕业。西洋画家，植物摄影专家。以融入植物形态特征和情感的摄影，来确立图鉴摄影的风格样式，晚年多拍摄以植物存在感为主题的作品，给后起摄影家带来很大影响。主要著作有《野草手册：春花·夏花·秋花》和绘画与摄影作品集《鹏和鲲》。1992 年，逝世，享年 73 岁。

大久保忠男

1945 年，生于日本东京都。高中时代，以受登山俱乐部朋友邀请为契机，开始从事登山运动。从日本早稻田大学毕业后，一边工作，一边在夜校学习摄影。作为摄影师的助手积累了丰富经验，后成为自由摄影家。摄影对象广泛，涉及商品摄影、户外题材、海外导游手册等。而且，作为编辑也非常活跃。设立从策划、编辑、取材、宣传册到商品目录制作的"Free Space"。

石井由纪

1933 年，生于日本东京都早稻田。在长野县小布施度过少女时代，从小就对花草兴趣浓厚。从立教大学毕业后，被花草所吸引，重返山里。曾经在出版社工作，现在是自由职业者。憧憬许多至今未曾见过的花草，也涉足海外。撰写与花草有关的诗文、随笔及通俗易懂的讲解词等。涉猎范围很广，包括从街道的归化植物到山间植物、高山花草。著作有《围栏植物：爬行的蔓藤》《传说之花：故事及其背景》（全部是随笔和解说），《野花小径》（随笔）。

● 摄影分工

封面、卷首插图、目录（3～7页）细岛雅代

"染四季之色"（8～15页）大久保忠男（下列以外的全部）；富成忠夫（15页的山茶、红花）

"染色图鉴"（16～101页）富成忠夫（下列以外的全部）；大久保忠男（榉树的落叶37页，蓝田68页，染料样品73～100页）；熊田达夫（鬼针草22页，垂丝海棠的特写51页，荩草72页，姜黄76页，红树90页，青茅92页）；山崎青树（黑儿茶树、儿茶树81页，苏木85页，山合欢87页，仙人掌87页，槟榔树89页，五倍子95~96页）

"染色工房"大久保忠男（下列以外的全部）；细岛雅代（101页、103~105页、107页、119~120页、127~129页）；山崎和树、山崎广树（103页、120~122页）